Generadores en proyectos de cooperación

Cómo elegir, dimensionar, instalar y utilizar económicamente generadores diésel.

Primera edición.
Diciembre 2013.

Santiago Arnalich

arnalich

water and habitat

Generadores en proyectos de cooperación

Cómo elegir, dimensionar, instalar y utilizar económicamente generadores diésel.

Primera edición.
Diciembre 2013.

ISBN: 978-84-616-6980-6

Si deseas utilizar parte de los contenidos de este libro,
ponte en contacto con nosotros en: publicaciones@arnalich.com.

Fe de erratas en: www.arnalich.com/dwnl/xgsetco.doc

arnalich

water and habitat

*A todos aquellos que sufren de pobreza energética,
esperando que las palabras que siguen se traduzcan
en mejoras en la vida de algunos de ellos.*

Agradecimientos:

Un agradecimiento especial a Sónia Salgado por el tiempo dedicado a la revisión del libro que lo ha mejorado de manera impresionante. Si necesitas servicios de traducción (francés, inglés y portugués) o revisión, no dudes en contactar con ella en salgadosonia@yahoo.es.

Agradecimientos también a Joaquín Llamas Sanchez, Patricia González Jiménez, Eduardo Montero Mansilla y Jesús Arnalich Fernández por su paciencia con las revisiones.

Finalmente a Iván C. Amaya de Pramac Energy Generation (www.pramac.com) por su interés inicial en este libro que llevó al patrocinio de la traducción al inglés.

Índice

Sobre este libro

Este libro pretende darte las nociones necesarias para que puedas determinar qué generador necesitas, comprarlo, supervisar la instalación, organizar el mantenimiento y hacerlo funcionar de la manera más económica posible; todo tras una lectura de un par de tardes.

Se ha pretendido que sea:

99% libre de grasa. Sin explicaciones meticulosas o demostraciones interminables. Sólo se ha incluido lo que vas a necesitar.

Simple. Una de las causas frecuentes de fracaso es que la complicación y el exceso de rigor acaban intimidando y se dejan cosas sin hacer. Aun a riesgo de caer en el insulto, las explicaciones intentan no dar casi nada por obvio.

Cronológico. Sigue aproximadamente el orden previsible en el que harías las cosas, sin embargo, lee el libro entero antes de actuar para evitar hacerlo obviando aspectos importantes que se introducen más tarde en la secuencia.

Práctico. Con abundantes ejemplos.

Nos centramos en los generadores más frecuentes en proyectos de cooperación, generadores diésel de entre 5 y 200 kW de potencia. Aunque los generadores portátiles de gasolina son muy comunes, no entrañan las mismas dificultades de planificación.

Este manual se escribe desde el punto de vista del gestor para ayudarte a tomar decisiones informadas, no se trata de convertirte en mecánico ni instalador electricista.

Finalmente, RECUERDA:

Trabajar con electricidad puede ser muy peligroso e incluso mortal. Busca la ayuda de electricistas y mecánicos locales.

La importancia de los generadores en los proyectos

Los generadores son uno de los componentes clave en el éxito de un proyecto por los gastos que generan, las constantes subidas del precio del petróleo y los cambios bruscos de precio por conflictos locales o condiciones climáticas que dificulten su transporte. Un generador mal dimensionado o mal planificado puede dar al traste con el resto de los esfuerzos de un proyecto y volverlo insostenible económicamente para las comunidades a las que debe servir.

Es relativamente frecuente encontrarse con un generador perfectamente empaquetado que invita a pensar que se percibe como un objeto valioso pero que, al no poderse costear, se deja de utilizar:

Fig. I.1 Generador en desuso en Galgaduud, Somalia.

Cuando un generador esté estropeado o abandonado, haz un análisis profundo de las causas en lugar de correr a repararlo o sustituirlo. Frecuentemente lo que falla no es el generador en sí, sino la propuesta del generador como solución o el sistema de gestión que pague los gastos de funcionamiento. ¡No es por falta de conocimientos que no está arreglado!

Anatomía rápida de un generador

La figura I.2 muestra los componentes esenciales de un generador:

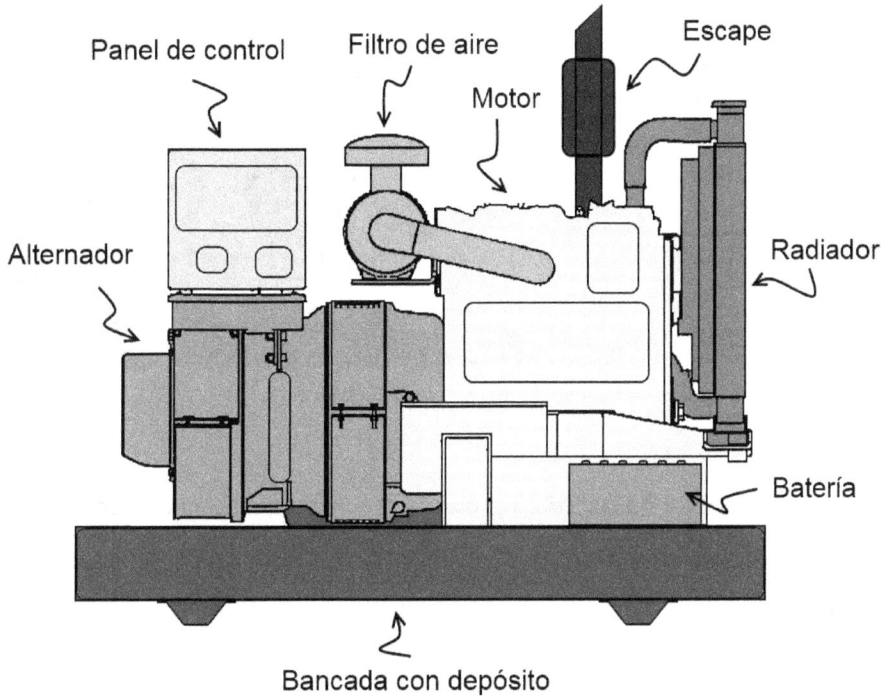

Fig. I.2 Partes principales de un generador diésel.

- **Motor.** Quema el combustible y lo transforma en movimiento.

- **Alternador.** Toma el movimiento del motor y lo transforma en corriente eléctrica.

- **Batería y cargador.** Sirve para arrancar el motor y alimentar los circuitos de control durante el funcionamiento. ¡Que no falte en ningún momento!

- **Escape.** Evacua los gases de combustión y suele ir montado con un silenciador que reduce el ruido del motor.

- **Radiador.** Enfría el motor para prevenir su sobrecalentamiento.

- **Panel de control (Fig. I.3)** donde están los controles y los indicadores de funcionamiento. Los indicadores y controles que lleva, y su apariencia, varían de unos paneles a otros, según sean digitales o analógicos. Los componentes más básicos son:

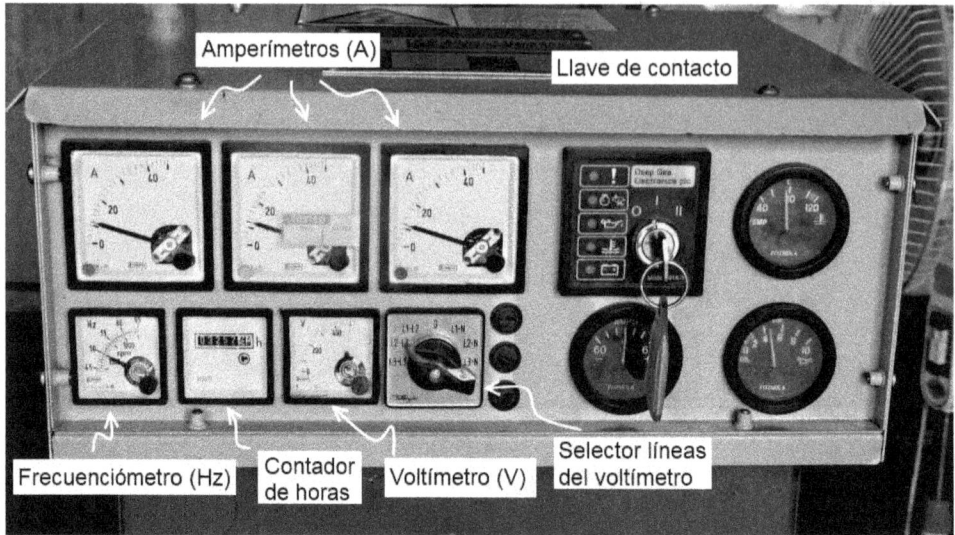

Fig. I.3 Panel de control analógico de un generador trifásico.

o   La **llave de contacto** sirve para arrancar y parar el generador.

o   Los **amperímetros** son los indicadores que llevan la A. Miden la cantidad de corriente que circula y normalmente hay tres, uno para cada fase.

o   El **voltímetro** se reconoce por la V que lleva, y sirve para medir la tensión. El selector de líneas sirve para determinar entre qué líneas se mide el voltaje.

o   El **frecuencímetro** lleva Hz y mide la frecuencia.

o   El **contador de horas** tiene una función similar al cuentakilómetros de los coches. El mantenimiento del generador se organiza en función de las horas de funcionamiento y sirve para hacerse una idea del desgaste interno.

En la portada tienes otro panel analógico en gran detalle con el que familiarizarte y probar a identificar qué es cada cosa.

Salvando confusiones en las definiciones de potencia

Potencia nominal, potencia prime, potencia en standby, potencia en operación continua….

Los generadores se pueden especificar según distintas definiciones de potencia, lo que se presta a grandes confusiones. Resulta que generadores de 100 kW, 90 kW o 70 kW pueden ser el mismo según de qué potencia se trate. Además, distintos proveedores tienen distintas interpretaciones o incluso introducen otras categorías. Recuerda finalmente que la potencia puede venir expresada en kW o kVA (1 kVA ≈ 0,8 kW) **¡Asegúrate que está claro en todo momento de qué potencia y de qué unidades se está hablando!**

Potencia nominal (PN) o de placa (*Nameplate*) es la potencia máxima que da la máquina de manera estable. Esa potencia es la que aparece en la placa, sobre todo de máquinas anteriores a 2005, año en que sale la norma ISO 8528-1 que introduce las otras terminologías. En la imagen se muestra la placa de un generador de 25 kW:

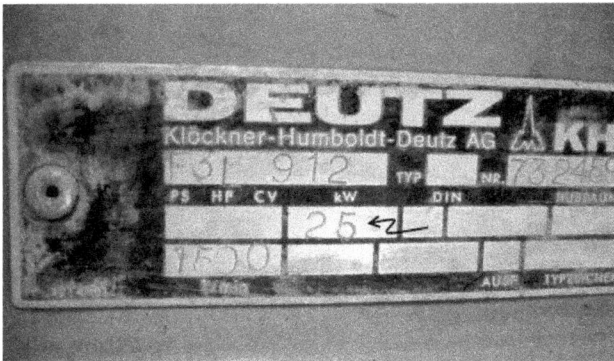

Fig. I.4 Potencia nominal en la placa de un generador anterior a 2005.

Potencia prime (PRP) (*Prime power*) es la potencia recomendada para el modo de operación prime power, que es el modo en el que el generador puede asumir una carga variable durante un número ilimitado de horas. En este modo, el generador puede estar cargado hasta el 100% de este valor de potencia prime, pero la media en 24 horas no puede superar el 70%.

Puedes asumir que la potencia de placa de los antiguos generadores y la potencia prime de los nuevos es aproximadamente la misma.

Potencia standby o de respaldo (*Standby power*) es la potencia recomendada para el modo de operación *Emergency standby*, que consiste en un máximo de 200 horas al año. En cooperación los generadores se usan generalmente más horas al año.

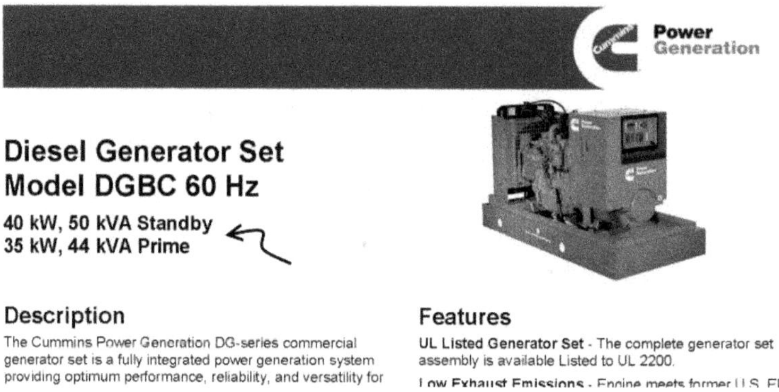

Power
Generation

Diesel Generator Set
Model DGBC 60 Hz

40 kW, 50 kVA Standby
35 kW, 44 kVA Prime

Description

The Cummins Power Generation DG-series commercial generator set is a fully integrated power generation system providing optimum performance, reliability, and versatility for

Features

UL Listed Generator Set - The complete generator set assembly is available Listed to UL 2200.

Low Exhaust Emissions - Engine meets former U.S. EI

Fig. I.5 Potencia Standby y Prime especificadas en un folleto.

Potencia continua es para aplicaciones donde el generador funciona a carga constante todo el tiempo para evitar penalizaciones por exceso de consumo, cogeneración y otras aplicaciones económicas menos frecuentes en cooperación.

Algunas nociones básicas de electricidad

La forma más sencilla de electricidad es la corriente continua en la que hay una diferencia de tensión o potencial eléctrico entre dos puntos que hace circular la electricidad siempre en el mismo sentido.

Analogía del agua y unidades

Es frecuente comparar la corriente eléctrica con una corriente de agua. Para que el agua empiece a fluir, hace falta una diferencia de altura. Cuanto mayor sea la pendiente por esa diferencia de altura, mayor tendencia a fluir tendrá el agua.

La **tensión** sería similar a esa "diferencia de altura", o, en términos eléctricos, la diferencia del potencial eléctrico entre los puntos. Se mide en **voltios (V)**, la tensión más común es 220 V.

La **intensidad** es el "caudal" de electricidad que circula. Se mide en **amperios (A)**.

La **resistencia** mide la dificultad con qué circula la corriente eléctrica en un recorrido. Se mide en **ohmios (Ω)**.

La **potencia** es la cantidad de energía que se está utilizando en un momento determinado. La unidad es el **vatio (W)**. Como frecuentemente se queda corto se usa el **kilovatio (kW)**, que equivale a 1000 vatios.

Un **consumo** se mide en **kilovatios-hora (kWh)**, que es el consumo realizado por un aparato de 1 kW que ha estado funcionando una hora.

Corriente alterna

En la corriente alterna la corriente ya no va siempre en el mismo sentido como la corriente continua, sino que varía cíclicamente en el valor y el sentido siguiendo una onda. La **frecuencia** mide cuántas veces por segundo circula la corriente en un sentido en concreto. La mayoría de los países usan 50 **Hercios (Hz)** de frecuencia.

Como la tensión varía constantemente en la corriente alterna siguiendo el ciclo, hace falta definir un valor representativo que sea práctico de usar. Se define entonces el **valor eficaz** como el valor de una corriente continua que disiparía la misma potencia. Los valores eficaces son los que se usan comúnmente.

Así que mientras 220 V es la **tensión eficaz**, la tensión instantánea cambia continuamente entre +311 V y -311 V según en qué momento del ciclo esté la onda.

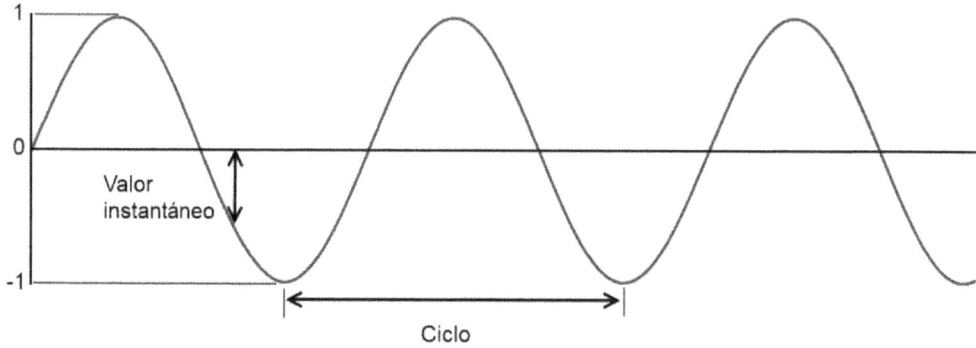

Fig. I.7 Onda sinusoidal de la corriente alterna.

Las principales ventajas de la corriente alterna es que se puede pasar muy fácilmente de una tensión a otra usando un transformador, que los motores y generadores son más baratos y eficientes, y que se evitan efectos indeseables como corrosión electrolítica, magnetización, etc.

En la corriente alterna hay dos elementos que consumen energía de una manera especial: el condensador la almacena en forma de campo eléctrico y la bobina lo hace en forma de campo electromagnético. Esta energía consumida, que no es realmente útil para realizar un trabajo, se llama **potencia reactiva**, mientras que la que sí realiza el trabajo se le llama **potencia activa**. **Potencia aparente** es la suma de las dos; su unidad es el **kilovoltio-amperio (kVA)** o kabea.

Para entender las distintas potencias de una manera más intuitiva, imagina un caballo tirando de un carro sobre una vía del tren. Si el caballo tira con un ángulo respecto a la vía del tren, sólo parte de su esfuerzo, la potencia activa, se aprovechará para avanzar el carro. La potencia reactiva va en perpendicular a las vías y no contribuye al avance del carro. Así, aunque el caballo aparentemente esté realizado mucho esfuerzo (kVA), sólo la potencia activa (kW) produce un trabajo "útil".

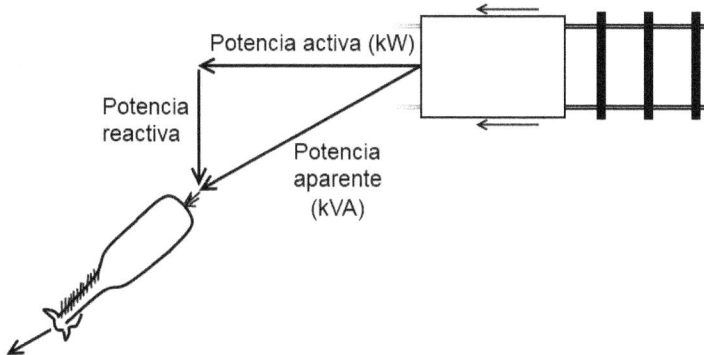

Fig. I.8 Analogía de caballo para la potencia aparente, activa y reactiva.

La relación entre estas dos potencias determina el **factor de potencia**, que mide hasta qué punto la potencia se está aprovechando realmente. Normalmente es cercano a 0,8 en su conjunto (es decir, 0,8 kW = 1 kVA) aunque para cada aparato es distinto, digamos que *"unos caballos son más tontorrones que otros tirando del carro".*

Sistemas trifásicos

En los sistemas trifásicos en lugar de una sola corriente, hay tres corrientes alternas monofásicas de igual frecuencia que presentan una cierta diferencia de fase entre ellas, en torno a 120°, y vienen dadas en un orden determinado. El giro del generador con 3 polos separados 120° es el que crea estas tres ondas de fase:

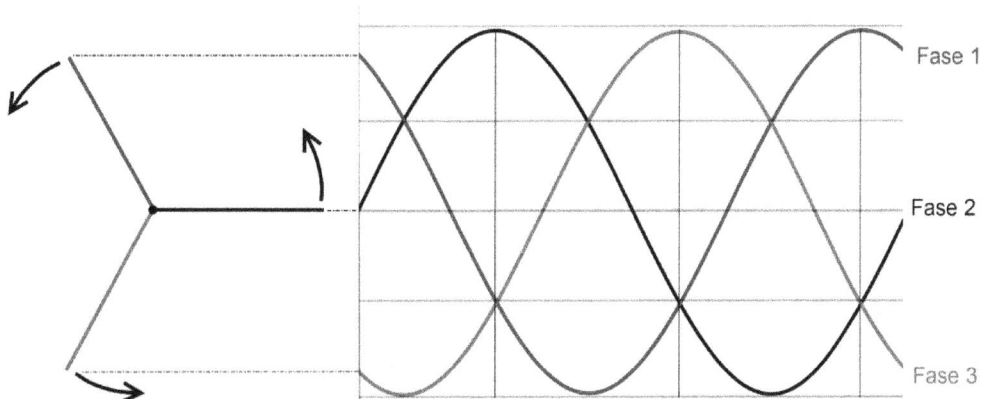

Fig. I.9 Tres polos separados 120° que giran crean tres fases en la corriente trifásica.

La mayor parte de los generadores son trifásicos. Se pueden conectar directamente a aparatos que sean trifásicos o conectar en cada fase unos aparatos concretos.

Mientras que en el sistema monofásico sólo hay una tensión, en los trifásicos hay dos según qué terminales se tomen para la medida:

- **Tensión de fase** es la tensión que hay entre cada fase y el neutro.
- **Tensión de línea** es la que se mide entre dos fases cualesquiera.

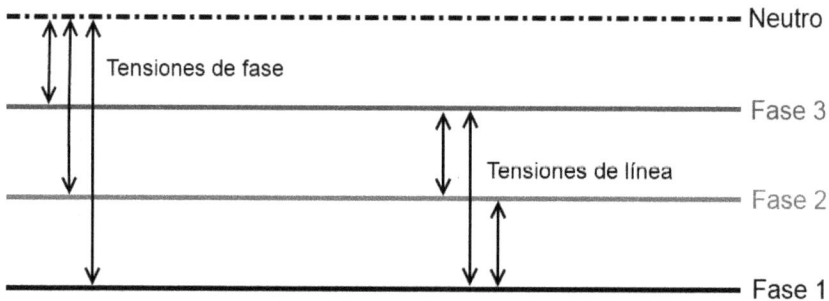

Fig. I.10 Tensión de línea y tensión de fase en sistemas trifásicos de 4 cables.

Cuando una tensión se especifica como 220V / 380V, la primera cifra es la tensión de fase y la segunda la tensión de línea.

Conexión en estrella o triángulo.

A lo hora de conectar los tres cables, se pueden unir todos los cables por un extremo formando una **conexión en estrella** o unir el extremo de cada cable de fase al siguiente formando una **conexión en triángulo**.

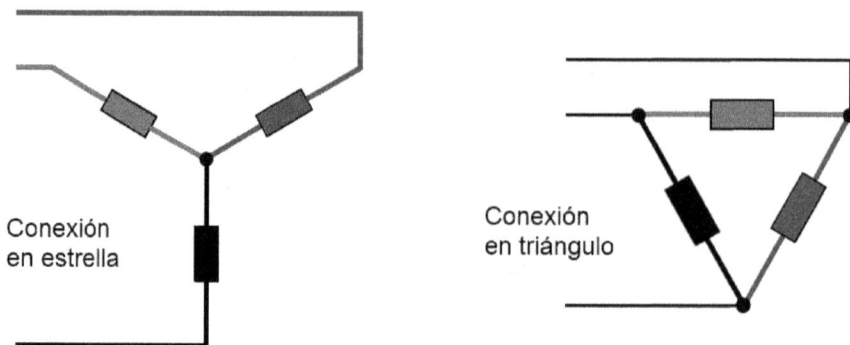

Fig. I.11 Conexión en estrella y conexión en triángulo en sistemas trifásicos.

En la conexión en estrella la intensidad de línea es igual a la de fase y la tensión de línea es $\sqrt{3}$ veces ($\approx$1,732 veces) la tensión de fase. En la conexión en triángulo la tensión de línea y la de fase son iguales.

Los cables se pueden conectar de 4 maneras para obtener combinaciones de tensión y voltaje: estrella-estrella, estrella-triángulo, triángulo-estrella y triángulo-triángulo.

Los sistemas trifásicos pueden tener 3 o 4 cables (3 de fase y el neutro).

Relación entre tensión, intensidad y potencia en corriente alterna

Mientras que en corriente continua esa relación es sencilla (Potencia = Voltaje * Intensidad) en corriente alterna trifásica se complica porque cambia según dónde se mide, cuántos conductores hay y si el sistema está equilibrado o no. Para no complicar esta introducción, el Anexo A contiene las distintas disposiciones y sus fórmulas para calcular la potencia.

Funcionamiento del alternador de un generador

Para producir la electricidad, el alternador se basa en el fenómeno de que un campo magnético en movimiento induce corrientes en un conductor cercano. El alternador tiene dos partes fundamentales:

- El **rotor,** donde va la fuente de magnetismo y que puede girar.

- El **estator,** que es fijo y tiene el cable enrollado en forma de bobinas de cobre para recibir la corriente inducida.

Si se fuerza al rotor a girar, como hace el motor diésel de un generador, el movimiento del campo magnético induce corrientes en el estator, produciendo electricidad y comportándose como un generador. Si por el contrario se conecta corriente alterna al estator, el rotor se ve forzado a girar siguiendo las variaciones de la corriente alterna y se comporta como un motor.

La fuente del magnetismo son electroimanes que se magnetizan cuando reciben la corriente de un pequeño generador de corriente continua, el **excitador.**

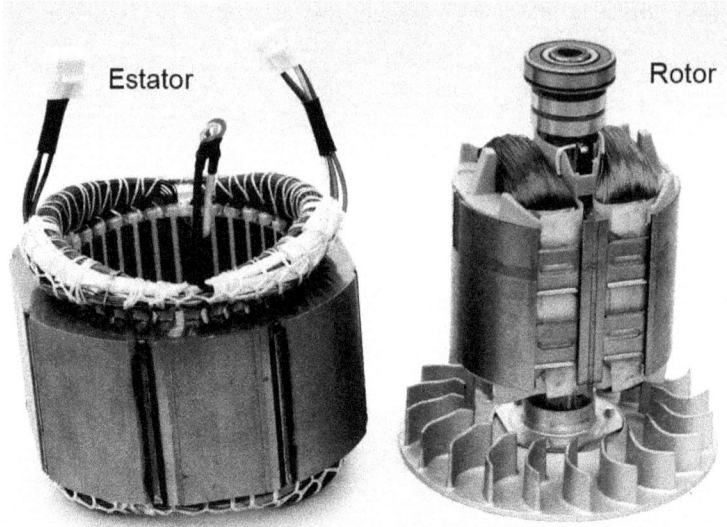

Fig. I.12 Rotor y estator de un generador *(Cortesía de Senci).*

Como la tensión y la frecuencia dependen de la velocidad de giro, es muy importante mantenerla en un rango y hacer funcionar el motor diésel siempre a las mismas revoluciones. Eso se consigue con un **regulador de velocidad** que acelera o desacelera automáticamente en función de la carga del motor.

Además, incorporan **reguladores de voltaje automáticos (AVR)** que mantienen el voltaje dentro de un rango independientemente de la velocidad del generador. Esto lo consiguen ajustando electrónicamente el campo magnético dentro del rotor.

1

Consideraciones económicas

Los generadores son uno de los componentes clave en el éxito de un proyecto por los gastos que generan.

Un generador mal dimensionado o mal planificado puede dar al traste con el resto de los esfuerzos de un proyecto y volver el proyecto insostenible para las comunidades que debe servir.

Entender las dinámicas económicas es fundamental antes de decidir qué tipo de instalación se quiere. **¡No te saltes este capítulo!**

Números gordos

Cada generador y situación es única. Aun así, para ayudarte a la planificación, a continuación van una serie de números gordos basados en situaciones reales que te pueden dar un orden de magnitud de lo que puedes esperarte.

¿Cuánto puede costar el generador?

Mientras obtienes respuestas de proveedores sobre el precio de la configuración concreta que necesitas, puedes usar estas fórmulas para obtener precios aproximados sin transporte (del año 2013):

Generador trifásico: $$\text{Coste USD (2013)} = \frac{\text{Potencia kW} + 47}{0,0047}$$

Generador monofásico: $$\text{Coste USD (2013)} = \frac{\text{Potencia kW} + 30}{0,003}$$

Si necesito un generador de 50 kW prime trifásico: $\frac{50 + 47}{0,0047}$ = 20 638 USD

¿Hay alguna economía de escala?

Los generadores más grandes consumen ligeramente menos diésel por kWh que producen, aunque es muy poco. Por ejemplo, un generador de 200 kW consume por kWh el 85% de lo que consumiría uno de 20 kW.

A mayor tamaño de generador, menos cuesta la potencia. Esta tendencia es muy marcada. Es más barato centralizar el consumo en un único generador que comprar varios (uno para cada consumo), siempre que esto fuera posible para el caso en concreto que tienes entre manos. Por ejemplo, comprar un generador de 40 kW es un 25% más barato que comprar dos generadores de 20 kW.

¿Cuánto diésel gasta?

Entre 0,3 y 0,35 litros de diésel por kWh si está correctamente dimensionado y mantenido.

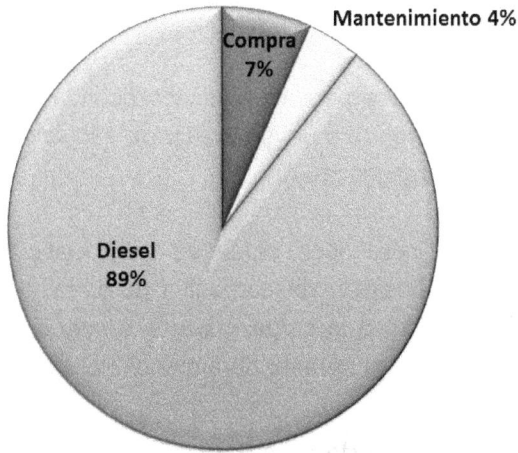

Fig. 1.1 Distribución de costes para diésel a 1 $/litro.

El diésel supone la inmensa mayoría del gasto de un generador durante su vida útil, como puedes ver en la imagen, construida para un precio de 1 $ por litro.

Si aplicas estos números a un generador de 20 000 $ te darás cuenta de la importancia de **pensar cómo se va a hacer frente a los gastos**, ¡no basta con comprar el generador y marcharse!:

Generador	20 000 $
Mantenimiento	11 500 $
Diésel	**¡254 000 $!**

¿Cuáles son los gastos de mantenimiento excluyendo el diésel?

Aproximadamente el 60 % del precio de compra del generador se gastará en mantenimiento durante toda su vida útil. El principal desembolso corresponde al reacondicionamiento a mitad de la vida del generador, que supone aproximadamente a un 30% del coste inicial del generador.

El efecto de la carga

Una de las cuestiones fundamentales para los cálculos económicos es el nivel de carga con el que trabaja el generador. Si a un generador de 100 kW se le conecta una bomba que consume 40 kW, la carga es del 40%.

Un generador que trabaja con muy poca carga es muy ineficiente y, además, disminuye su vida útil por la deposición de carbonilla dura, muy abrasiva, en los cilindros y las válvulas. Al acercarse a la carga máxima, aumenta algo la eficiencia pero el desgaste general hace que el generador dure menos horas.

Efecto de la carga en el consumo de diésel

Observa la gráfica a continuación. Trabajando a un 8% de carga se tiene un 12% rendimiento; trabajando al 80% de carga, el rendimiento sube al 32%. La diferencia de rendimiento hace que el generador gaste casi 3 veces más diésel por kWh producido con una carga del 8% que con una carga del 80%:

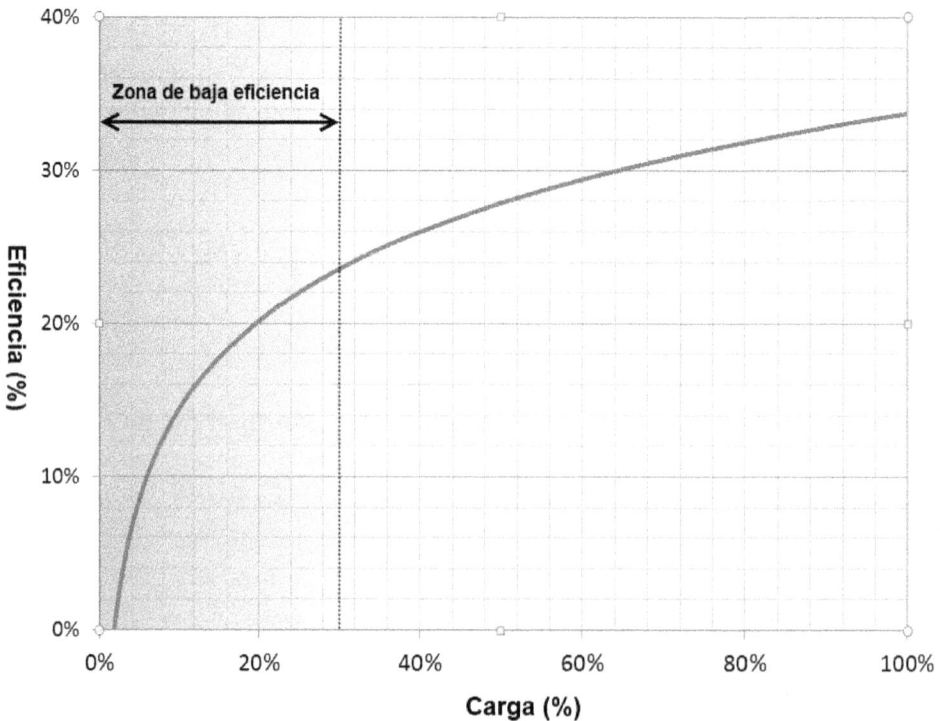

Fig. 1.2 Eficiencia en el uso de diésel según la carga (*Fuente: Elaboración propia en base a consumos de: www.dieselserviceandsupply.com*)

Trata de no instalar generadores o utilizar generadores cuando la carga vaya a ser inferior al 30%. Si estabas tramando arrancar un generador del tamaño de un oso para cargar el ordenador portátil, considera otras alternativas como tener un banco de baterías o un generador más pequeño para estos usos o ajustarse a un horario.

Un generador correctamente dimensionado y con buen mantenimiento consume entre **0,30 y 0,35 litros de diésel por kWh producido**.

Efecto de la carga en la duración del generador.

Los generadores en unas condiciones de trabajo aceptables y con un mantenimiento correcto duran entre 20 000 y 30 000 horas, con un reacondicionamiento intermedio entre las 10 000 y las 15 000 horas.

Nunca hagas funcionar un generador a más del 110% de su potencia, ni siquiera por breves momentos. Los generadores sobrecargados se deterioran muy rápidamente.

En este caso la tendencia es la contraria, **a menor carga mayor duración del generador**.

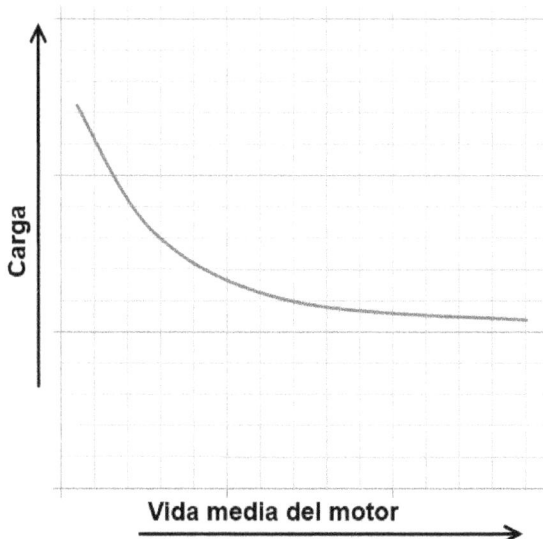

Fig. 1.3 Curva típica de vida útil respecto a carga.

Además del valor de la carga en sí, la vida media del generador es mayor cuanto menos variable sea la carga.

Para conciliar las dos tendencias contrarias vistas en la sección anterior, la norma ISO 8525-1 recomienda que **la media de carga de 24 horas no supere el 70% de la capacidad del generador** especificada en la placa para la mayoría de aplicaciones.

Para calcular esa media se usan sólo los tiempos en los que el generador ha estado en funcionamiento y se cuentan como 30% todas aquellas cargas que sean menores al 30%.

¿Cuál es la carga media de un generador que ha estado funcionando en las últimas 24 horas según la siguiente tabla?

Horas	Carga
3	45%
6	80%
4	56%
2	18%

El último periodo de 2 horas se toma como 30% al haber estado la carga por debajo del 30%:

$$Cm = \frac{3*45 + 6*80 + 4*56 + 2*30}{3 + 6 + 4 + 2} = 60\%$$

Estimación del consumo

Aunque el consumo varía según las circunstancias, puedes usar esta curva para anticipar cuál será el consumo o averiguar el rendimiento de un generador existente:

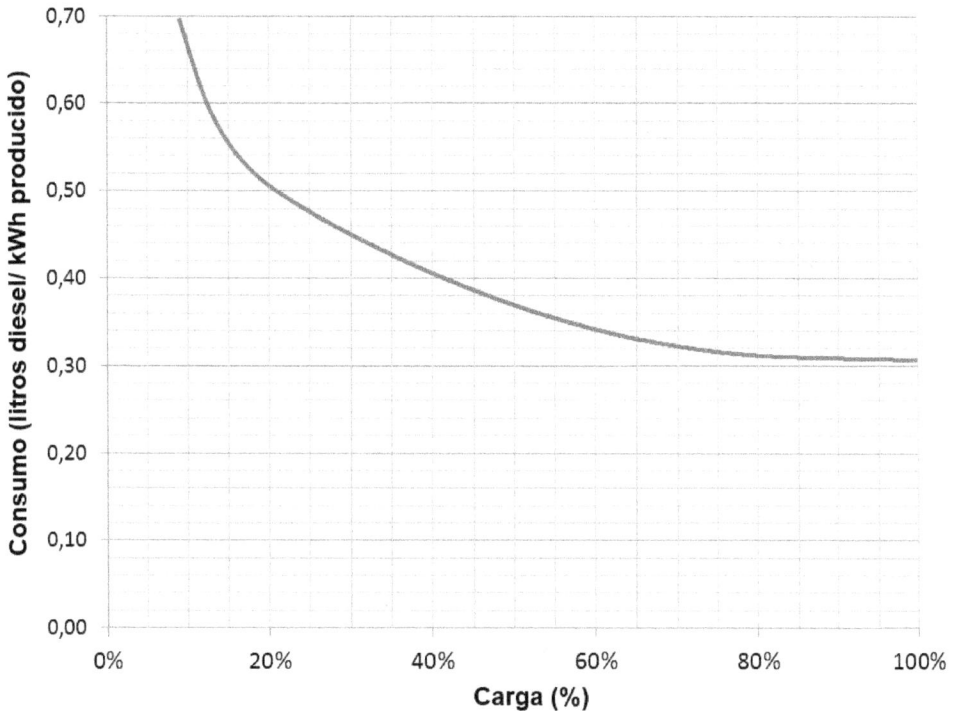

Fig. 1.4 Consumo de diésel por kWh producido *(Fuente: Elaboración propia en base a consumos de: www.dieselserviceandsupply.com).*

Aproximadamente, ¿cuántos litros de diésel ha consumido un generador de 80 kW después de 12 horas de trabajo con una carga media del 40%?

En 12 horas al 40% un generador de 80 kW produce:

E = tiempo * carga * potencia = 12h * 0,40 * 80 kW = 384 kWh

Mirando en la gráfica más arriba, a un 40% de carga corresponden 0,408 l/kWh, luego:

C = 384 kWh * 0,408 l/kWh = 156,67 litros de diésel

Tendencias del precio del diésel

En los últimos 20 años (1989-2009) el precio del diésel se ha triplicado:

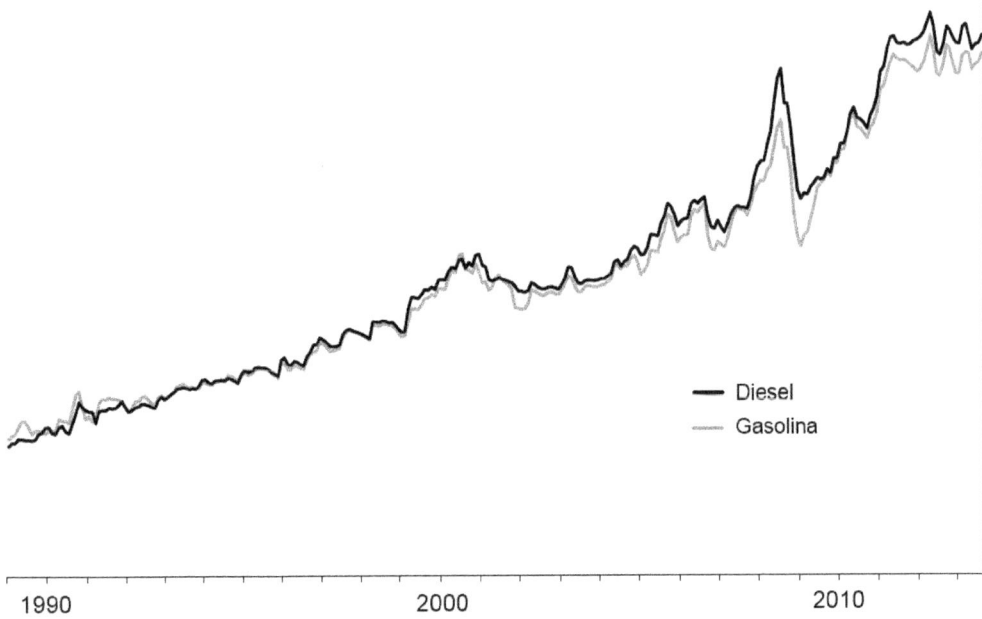

Fig. 1.5 Evolución del precio del diésel y la gasolina *(Fuente: Quarterly Energy Prices DEEC).*

Aunque existen multitud de informes concienzudos sobre las tendencias en el futuro, el resultado básicamente es que te puedes esperar casi cualquier cosa, aunque la parte central de la horquilla de previsiones indica ligeras subidas:

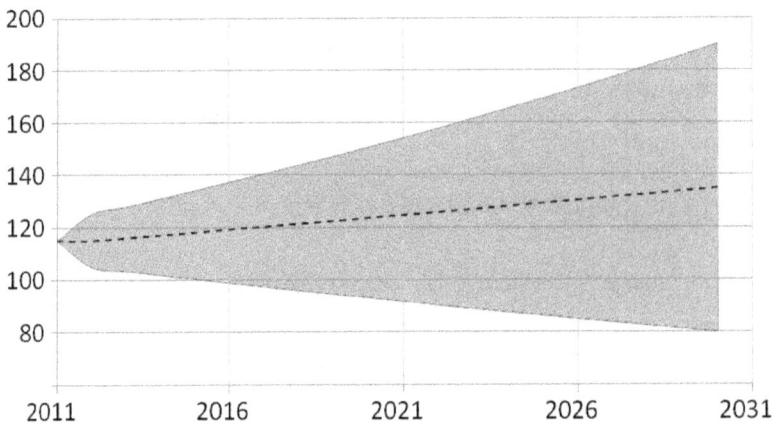

Fig. 1.6 Evolución proyectada del precio de barril de petróleo *(Fuente: DEEC).*

Como las tendencias son bastante imprevisibles, haz un **plan de contingencia** sobre qué medidas se pueden tomar para apañárselas en caso de una subida muy importante del precio del diésel.

Fig. 1.7. Sin combustible durante la invasión Nazi de Holanda *(Nationaal Archief)*.

Por otra parte, la evolución del precio del diésel en tu zona puede tener grandes variaciones estacionales, ya sea por la mayor demanda en invierno para la calefacción, la navegabilidad del mar, los problemas de transporte con el monzón, etc. En algunos casos, puede que apenas esté disponible durante ciertos periodos del año.

¿Merece la pena invertir en aparatos de bajo consumo?

Con frecuencia hay que elegir entre invertir en un componente caro pero que consume poco o en uno más barato que consumirá más.

Una manera sencilla de hacerse una idea es comparar el gasto que supone comprar y operar cada alternativa. Para hacerlo hay que tener en cuenta dos cosas:

- Hay que conocer la **vida útil** o decidir el tiempo que pretendemos que algo funcione. Por ejemplo, una bombilla durará 3 años de media con el uso que se le da; la instalación del centro de salud la diseñamos para un periodo de 30 años.

- **El valor del dinero disminuye con el tiempo**. Ese café que en el año 2000 costaba 60 céntimos, ahora cuesta euro y medio. Un euro ahora compra más que un euro dentro de 20 años. Para poder comparar facturas hay que llevarlas al mismo instante; normalmente se elige el principio del proyecto.

Obteniendo la factura anual de una inversión

Se trata de averiguar cuál es el equivalente anual durante la vida útil de un gasto realizado de golpe al principio. En otras palabras, si gasto 20 000 € en una bomba que va a durar 5 años, ¿a qué equivaldría si la pagara anualmente?

El procedimiento es el siguiente:

1. Averigua el **interés (i)** que te daría un banco por depositar una cantidad semejante y transfórmalo en tanto por uno. Por ejemplo, para un 3%, i = 0,03.

2. Intuye cuál puede ser la **inflación (s)** del periodo considerado. Puedes mirar algunos años en los datos del Banco Mundial y echarle tu mejor cálculo: http://data.worldbank.org/indicator/FP.CPI.TOTL.ZG/countries/all?display=graph. Digo intuir, porque no es posible saber cómo va a evolucionar en el futuro. Este será tu parámetro s, también en tanto por uno.

3. Calcula la **tasa de interés real (r)**. Esta tasa tiene en cuenta el interés y la inflación. Si la inflación es mayor de lo que daría un banco, el dinero vale más en el presente de lo que valdría en el futuro. Si son iguales, mantiene el valor y si el interés del banco es mayor que la inflación, el valor del dinero irá aumentando. Se calcula mediante la relación entre interés e inflación:

$$r = \frac{1+i}{1+s} - 1$$

4. Calcula el **factor de amortización (at)** para T años:

$$at = \frac{(1+r)^T * r}{(1+r)^T - 1}$$

5. La factura anual de la inversión es la **cantidad invertida (M)** por el factor de amortización:

$$F = M * at$$

Recuerda que es un proceso aproximado y que frecuentemente hay otros parámetros que afectan la decisión. No te bloquees porque los datos tengan algo de incertidumbre.

Se va a conectar un sistema de telecomunicaciones que opera 24 horas a un generador existente que funciona con un gasto de 0,33 l/kWh. La carga que supone el sistema es muy baja respecto al total del generador y no afecta a su rendimiento. El interés bancario es del 2%, la inflación del 4% y el precio del diésel 1 \$/litro. Estas son las dos opciones disponibles:

	Aparato A	Aparato B
Coste (\$)	7000	13000
Consumo (W)	800	240
Duración (años)	10	15

Se va a calcular la factura de inversión y la de funcionamiento para las dos opciones para ver cuál resulta más económica. Ambos sistemas funcionarían:

T= 365 días/año * 24 horas/día = 8760 horas/año.

APARATO A:

El consumo anual será 8760 horas * 800 vatios = 7008000 Wh = 7008 kWh

La factura anual de ese consumo: 7008 kWh * 0,33 l/kWh * 1 \$/l = 2312,64 \$

El cálculo de la factura anual por inversión es el siguiente:

La tasa de interés real es: $r = \dfrac{1+i}{1+s} - 1 = \dfrac{1+0,02}{1+0,04} - 1 = -0,0192$

El factor de amortización es:

$$at = \frac{(1+r)^T * r}{(1+r)^T - 1} = \frac{(1+-0,0192)^{10} * (-0,0192)}{(1-0,0192)^{10} - 1} = 0,08973$$

La factura anual queda: F = M * at = 7000 * 0,08973 = 628,11 $

El coste anual total de esta opción es la suma de ambas facturas:

2312,64 $ + 628,11 $ = 2940,75 $

APARATO B:

El consumo anual será 8760 horas * 240 vatios = 2102400 Wh = 2102,4 kWh

La factura anual de ese consumo: 2102,4 kWh * 0,33 l/kWh * 1 $/l = 693,8 $

El cálculo de la factura anual por inversión es el siguiente:

La tasa de interés real es la misma que para el otro aparato.

El factor de amortización es:

$$at = \frac{(1+r)^T * r}{(1+r)^T - 1} = \frac{(1+-0,0192)^{15} * -(0,0192)}{(1-0,0192)^{15} - 1} = 0,05687$$

La factura anual queda: F = M * at = 13 000 * 0,05687= 739,31 $

El coste anual total de esta opción es la suma de ambas facturas:

693,8 $ + 739,31 $ = 1433,11 $

Por tanto, la inversión en el aparato más caro bien merece la pena ya que ahorra 1500 $ anuales.

¿Se podrán afrontar los gastos de funcionamiento?

Hace algunas secciones dejamos atrás un generador de 80 kW que funcionaba al 40% durante 12 horas al día. Es un caso bastante realista que generaba un consumo diario de 156 litros diarios de diésel. Esos 156 litros diarios se traducen fácilmente en 80 000 $ anuales y eso… ¡es mucho dinero para la mayoría de estructuras!

Aquí las posibilidades son tantas como los sistemas pero **lo importante es que te asegures que alguien está pensando en si los gastos se pueden asumir.** Para no dejarlo así de indefinido, este puede ser un ejemplo:

Se está pensando en instalar una bomba y un generador para bombear agua de un pozo en una comunidad de 300 familias de 6 personas de media. Los ingresos de la familia media son 280 $ al mes. El sistema bombearía 2000 litros por cada kWh consumido. La bomba y el generador se reemplazarían cada 5 años con un coste de 18 000 $ y el diésel cuesta 1 $.

Naciones Unidas recomienda que las familias no paguen más de un 3% de sus ingresos en la factura del agua. ¡Esta es la clave, dar con una referencia de este tipo!

El resto ya lo conoces:

Asumiendo 30 litros por persona y día, los gastos de funcionamiento serían:

30 l/per.*día * 6 per./familia * 300 familias * 365 días/año = 19 710 000 l/año

$$\frac{19\,710\,000 \ \text{l/año}}{2000 \ \text{l/KWh}} = 9855 \ \text{kWh}$$

Asumiendo una eficiencia de 0,32 l/kWh, el gasto anual en diésel sería:

9855 kWh * 0,32 l/kWh * 1 $/l = 3153,6 $

Si el gasto en diésel supone el 89% y el mantenimiento el 4%, el gasto en mantenimiento será:

$$\frac{4\% * 3153,6\,\$}{89\%} = 141,73\,\$$$

La factura anual total por funcionamiento es: 3153,6 $ + 141,73 $ = 3295,33 $

El cálculo de la factura anual por inversión, asumiendo un interés del 1% y una inflación del 6%, es el siguiente:

La tasa de interés real es: $r = \dfrac{1+i}{1+s} - 1$ = -0,0472

El factor de amortización es:

$$at = \frac{(1+r)^T * r}{(1+r)^T - 1} = \frac{(1-0,0472)^5 * (-0,0472)}{(1-0,0472)^5 - 1} = 0,1726$$

La factura anual queda: F = M * at = 18 000 * 0,1726 = 3106,8 $

El coste anual total de esta opción es la suma de ambas facturas:

3295,33 $ + 3106,8 $ = 6402,13 $

Cada familia toca a: 6402,13 $ / 300 familias = 21,34 $

Cada familia ingresa: 280 $/mes * 12 meses/año = 3360 $

Luego el gasto en agua supone: $\dfrac{21,34}{3360} * 100 = 0,64\%$ de sus ingresos

A priori, el sistema es viable económicamente, **si la gente está dispuesta a pagar**. Esa disponibilidad para pagar se investiga como parte del proyecto en general.

Priorizando las cargas

Con lo que llevas leído probablemente ya habrás llegado a la conclusión de que operar un generador sale caro, y que merece la pena pensar qué se conecta y qué no.

Dejado a su aire, se va conectando de todo en el generador hasta que ya no puede más. Esto hace que el sistema opere fuera del rango donde es eficaz, se deteriore rápidamente y se conecten cosas a un sistema muy caro que tienen muy poco valor añadido. ¡Un desastre económico! **Es fundamental gestionar qué se conecta a un generador con qué importancia relativa.**

Planificando la carga: Creando una lista de prioridades y momentos

Se trata simplemente de listar la importancia relativa de las distintas cargas y definir en qué momentos pueden operar. Por ejemplo, el alumbrado del perímetro del recinto de empleados de un campo de refugiados es fundamental para la seguridad y se realiza en unas horas concretas en la noche. Bombear el agua para el uso del recinto también es de máxima importancia pero, como hay un depósito, se puede hacer en el momento del día que mejor venga.

Todo esto se puede organizar en un diagrama similar a este:

Tipo de carga	kW	Prioridad	1	2	3	4	5	6	7	8	9	10	11	12	13	14	15	16	17	18	19	20	21	22	23	24
Alumbrado perímetro	3,5	1																								
Bombeo agua	7	1																								
Carga equipo telecom.	0,2	1																								
Alumbrado interior	6	2																								
Taller mecánico	5	2																								
Lavadora	2,3	3																								
...	...	...																								
Ver videos de gatitos	0,75	999999							?!	?!	?!															

Fig. 1.8. Ejemplo simplificado de lista de prioridades y momentos de las cargas.

Si se va trabajando la tabla en función de la carga de cada hora y optimizando, se obtiene la configuración de uso más adecuada. No crees multitud de categorías que te compliquen luego la vida, con 2 o 3 probablemente tengas suficiente.

Consolidando la carga:

Una vez creada la tabla de prioridades y momentos debes consolidarla para conseguir el generador más pequeño posible, que funcione las menores horas posibles, a una carga lo más cercana posible al 70%, y todo ello con un equilibrio razonable respecto a las necesidades de los usuarios. ¡Que tampoco sea el generador el que programe los partos en la maternidad!

Puedes verlo como si fuera una partida de Tetris: se trata de ir encajando consumos, sobre todo aquellos que permiten flexibilidad y que es sólo cuestión de organizarlos.

Creando diferentes circuitos

Una cosa es hacer una bonita tabla de programación y otra es que se respete. **Se debe poder tener control sobre qué se conecta en cada línea.**

> *El generador del campo de refugiados de Mtabila funciona erráticamente de 12:00 a 14:00 horas, apagándose cada 5 o 10 minutos. Resulta que los empleados van conectando cocinas eléctricas al casquillo modificado de las bombillas de sus casas hasta que tumban el generador. Cuando se quedan sin electricidad, han aprendido a desconectar la cocina unos minutos y luego probar a volver a conectarla, perpetuando un ciclo humeante de venidas abajo y encendidos del generador.*

Aparte de todos los problemas económicos y del desgaste del generador que ya conoces, otro problema de primera magnitud es que **se pierde la fiabilidad de suministro**. ¡Imagina una nevera de vacunas funcionando con ese régimen!

Si se separan circuitos según la prioridad, se pueden apagar selectivamente a medida que el generador sale fuera de su rango de funcionamiento. Así se puede evitar dar luz a las casas de los trabajadores al medio día manteniendo los circuitos principales abiertos.

En lugar de quemarte la sangre por este tipo de conexiones no autorizadas, piensa que los trabajadores **están expresando de esa manera una necesidad** y que con cortarles el suministro sólo resuelves tu parte del problema, si es que lo haces. Quizás se pueda organizar un suministro de bombonas de gas o un comedor común para resolver el problema de todos.

Consumos pequeños, constantes e importantes

Imagina una pequeña oficina de una ONG en un lugar remoto con un gran generador de 60 kW existente para otros usos. ¡No se va a mantener un generador de ese tamaño encendido durante 8 horas para alimentar algunos ordenadores de 90 W y la cafetera!

Sistema híbrido de generador diésel y baterías

Una solución consiste en añadir un banco de baterías y un inversor cargador que transforma la corriente continua en alterna y viceversa, y hace de centralita de carga. Si el consumo se hace en corriente continua sólo se necesita un cargador que es bastante menos caro que un inversor. Cuando el generador está encendido por otros motivos, se le añade la pequeña carga que supone cargar las baterías. Una vez apagado se alimentan los pequeños consumidores desde las baterías hasta el próximo ciclo.

Sin embargo, esta opción por sí misma no es muy rentable a día de escritura debido a que el coste de almacenar y producir energía es mayor que el de usar un generador pequeño adicional.

¿Cuál es el coste de almacenamiento por kWh de 4 baterías Trojan T-105 de 6 V y C_{20}=225 Ah con un coste total de 800 $ que se van a usar con una profundidad de descarga (DoD) del 50%?

La energía que se descarga durante cada ciclo es:

E = C_{20} * V * DoD * 4 unid. = 225 Ah * 6 V * 0,50 * 4 = 2700 Wh = 2,7 kWh

Según las fichas del fabricante con una descarga del 50% las baterías duran 1500 ciclos.

El coste de batería por kWh almacenado es:

$$\text{Coste almacenamiento} = \frac{800\$}{2,7 kWh/ciclo * 1500 ciclos} = 0,1975 \text{ \$/kWh}$$

Además de almacenar cada kWh, hay que producirlo. En el proceso de carga de la batería se pierde el 25% de la energía. Si se produce con un generador que consume 0,34 l/kWh, el litro de diésel cuesta 1 $ y obviando los gastos de mantenimiento:

Coste de producción = 0,34 l/kWh * 1 $/l * 1,25= 0,425 $/kWh

El coste total sería: 0,425 $/kWh + 0,1975 $/kWh = 0,6225 $/kWh

Un pequeño generador adicional de esa capacidad, con todo el mantenimiento incluido, es más barato que las baterías y además produce la electricidad en el momento, sin necesidad de asumir un gasto de almacenamiento. Aun así, el banco de baterías puede ser una solución apropiada por otros criterios.

Sistema paralelo de baterías y placas solares

Si al sistema de baterías se le añaden paneles solares el costo no aumenta mucho y, sin embargo, económicamente merece la pena ya que el gasto de almacenamiento es más barato que quemar diésel y la inversión extra es muy baja. Así, si en el ejemplo anterior se cargaran las baterías usando placas solares en lugar de cargarlas con el generador se estaría ahorrando:

0,425 $/kWh - 0,1975 $/kWh = 0,2275 $/kWh

De todas formas, ten en cuenta que estos sistemas se amortizan muy lentamente, y eso si alguien no se despista y le echa agua del pozo en lugar de agua destilada a las baterías, roban los paneles o acaban en la casa del director del colegio. A los 5 años de la instalación, 1 de cada 4 sistemas solares no funcionaba según un estudio de 3000 sistemas instalados en países del tercer mundo.

En 4 años de operación (1460 ciclos) el ahorro sería:

4 años * 365 días año * 2,7 kWh/día * 0,2275 $/kWh = 896,8 $

Sistema híbrido

Un paso más en la sofisticación, la complicación y la inversión, pero con un gran ahorro en los costes de operación, es plantear un sistema híbrido en que las placas solares o la turbina eólica carguen baterías que luego ayuden al generador en los momentos pico y quitándole carga en general.

Son bastante más caros al principio pero mucho más baratos en la vida completa del sistema.

En cualquier sistema que use baterías, ten en cuenta lo siguiente:

Si estás usando aparatos sensibles, como un ordenador, es importante que el **inversor sea de onda pura o sinusoidal**. Los de onda modificada solamente aproximan la onda y dañan los equipos sensibles:

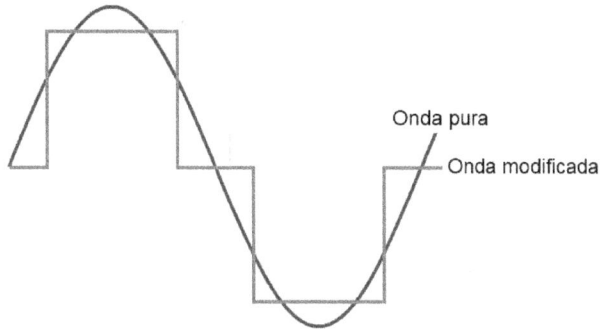

Onda pura

Onda modificada

Fig. 1.9. Onda pura vs. onda modificada.

Recuperadores de calor

Sólo una parte pequeña de la energía que contiene el diésel se transforma en electricidad, la mayor parte de la energía se pierde en forma de calor. El reparto de energía es aproximadamente el siguiente:

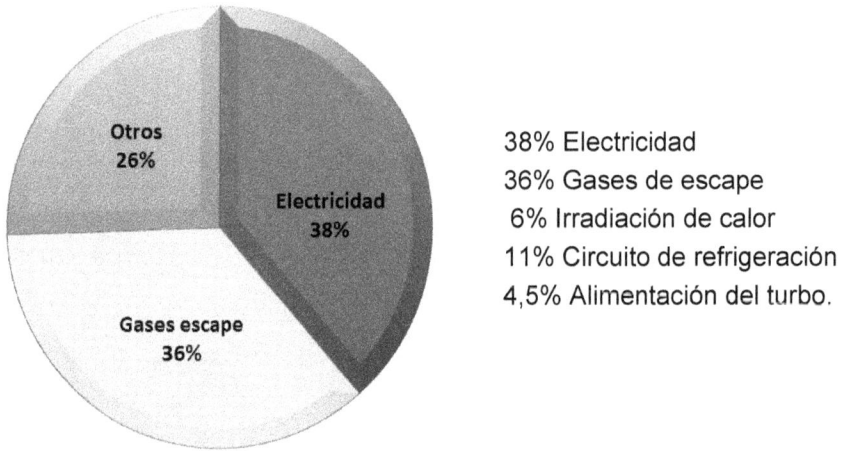

38% Electricidad
36% Gases de escape
 6% Irradiación de calor
11% Circuito de refrigeración
4,5% Alimentación del turbo.

Fig. 1.10 Balance de energía de un generador a plena carga *(Fuente: Mahon, 1992).*

¡Por los gases de escape se pierde casi la misma energía que se usó para crear electricidad!

En algunos casos merece la pena y es apropiado en el contexto instalar un intercambiador de calor que recupere el calor de los gases de combustión y genere vapor de agua que pueda ser utilizado en otra aplicación, por ejemplo para calefacción.

2

Dimensionado

En los ejercicios que siguen, se dimensiona de manera que la **potencia media en 24 horas no supere el 70%** de la potencia nominal antigua o la nueva prime, y que **en ningún momento se pase del 100% de la potencia**. La caída de voltaje y de frecuencia permitida se tiene en cuenta al especificar el tipo de clase G1, G2, G3 y G4. Todo esto se explica en detalle más adelante.

El enfoque en este libro es **ajustar la selección lo máximo posible** sin márgenes de seguridad porque según nuestra experiencia, los generadores no se dejan de usar porque se queden un poco cortos en algún momento sino porque no se pueden afrontar los gastos que generan. Y como la naturaleza humana es vieja amiga de todos nosotros, si se puede cargar más una máquina, se acaba cargando con consumos que no son tan importantes pero que contribuyen a la factura final con pleno efecto. En este contexto, errar del lado de la seguridad es probablemente quedarse un poco corto.

Existen programas que ayudan a dimensionar generadores, por ejemplo, Gensize del fabricante Cummings, aunque sus criterios pueden ser bastante diferentes de los necesitados en estos contextos y pueden llegar a proponer soluciones excesivamente sofisticadas y desadaptadas.

Por último, ten presente que puede haber códigos y normas locales que afecten al dimensionado del generador y a su instalación, sobre todo aquellos de respaldo.

Tipos de cargas

No todos los aparatos consumen igual ni de manera constante:

- **Aparatos con consumo constante**, como las bombillas incandescentes, las resistencias de cocina o los radiadores eléctricos.

- **Aparatos con un pico de arranque** en el que se consume bastante más de lo que se consume en régimen estacionario. Son los aparatos con motores. En este caso el generador tiene que ser capaz de hacerse cargo del pico de arranque.

- **Aparatos con una carga variable**, como las UPS o SAI o los cargadores de baterías por pulsos.

- **Aparatos con un factor de potencia muy bajo,** que para pocos kW útiles consumen muchos kVA. Normalmente requieren correctores del factor de potencia que también consumen.

En las **cargas lineales** (bombilla incandescente, calefacción, motor…) la intensidad depende del voltaje. En las **cargas no lineales** (casi cualquier aparato electrónico: ordenadores, impresoras, fotocopiadoras, TV, etc.) la intensidad no depende del voltaje, y tienden a ser problemáticas porque introducen armónicos que alteran la forma de la onda y recalientan el bobinado del generador:

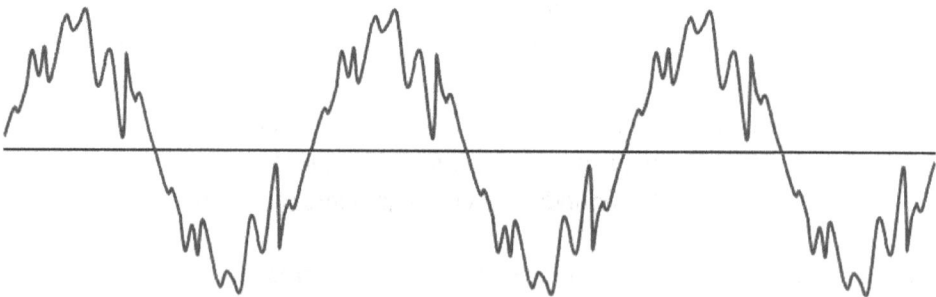

Fig. 2.1 Onda alterada por armónicos.

Precaución con algunos aparatos

Algunos aparatos son especialmente sensibles o problemáticos:

- Los **aparatos de rayos X, resonancia magnética y tomografía** necesitan caídas de voltaje menores al 10% para no tener defectos en la imagen.

- Las **UPS o SAI** introducen mucho ruido de armónicos. Procura que la carga de UPS no sea mayor que el 15%-20% del generador para las pasivas y pregúntale al fabricante para las de doble conversión.

- Los **motores con variadores de frecuencia,** que introducen armónicos, no deben ser más del 50% de la carga.

- Los **cargadores de baterías de pulsos** pueden sobrecargar el generador.

- Las **cargas regenerativas** en maquinaría como grúas, ascensores, montacargas y ciertos aparatos necesitan que la fuente de energía absorba energía durante el frenado. A un generador, sobre todo cuando no está cargado, le cuesta absorber esa energía.

Estimando la potencia necesaria

Si hay un sistema ya existente lo mejor es medir el consumo, como se explica más adelante. En caso contrario, tienes que averiguar cuál es el consumo de cada aparato antes de planificarlos en un diagrama y consolidarlos como viste en una sección previa.

Mide siempre que puedas. Evitarás sorpresas por omisiones, errores, malinterpretaciones o información demasiado genérica tomada de vete a saber dónde. Con el generador ya instalado, esas sorpresas son caras y complicadas de solucionar. No uses tablas genéricas de consumo que tanto abundan en internet. Si no puedes medir, pregunta al fabricante del equipo que vayas a comprar.

Entendiendo el significado de la potencia de placa de los aparatos

Casi todos los aparatos vienen con una placa similar a esta en la que se especifica la potencia:

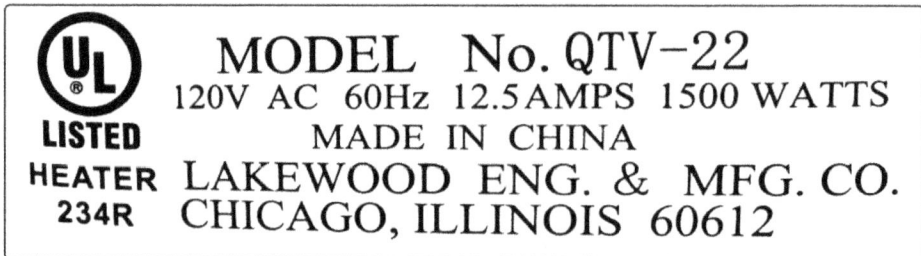

Fig. 2.2 Etiqueta de especificaciones de un aparato.

La potencia puede estar directamente indicada o se puede calcular fácilmente como el producto de voltios por amperios. En este caso, por ejemplo la potencia indicada es 1500 W, que corresponde con el producto de 120 V * 12,5 A = 1500 W.

Al usar las etiquetas, toma algunas precauciones:

- La potencia consumida depende mucho del uso. Algunos aparatos, por ejemplo la maquinaria de un taller, pueden consumir más si se usan para trabajos muy exigentes.

- En otros, el dato de potencia no es el consumo sino la carga que aceptan. A modo de ejemplo, el cebador de la derecha no consume 65 W sino que es capaz de arrancar fluorescentes de hasta 65 W.

- Algunos consumidores están escondidos. Siguiendo con el ejemplo de los fluorescentes, además del cebador tienen los balastros:

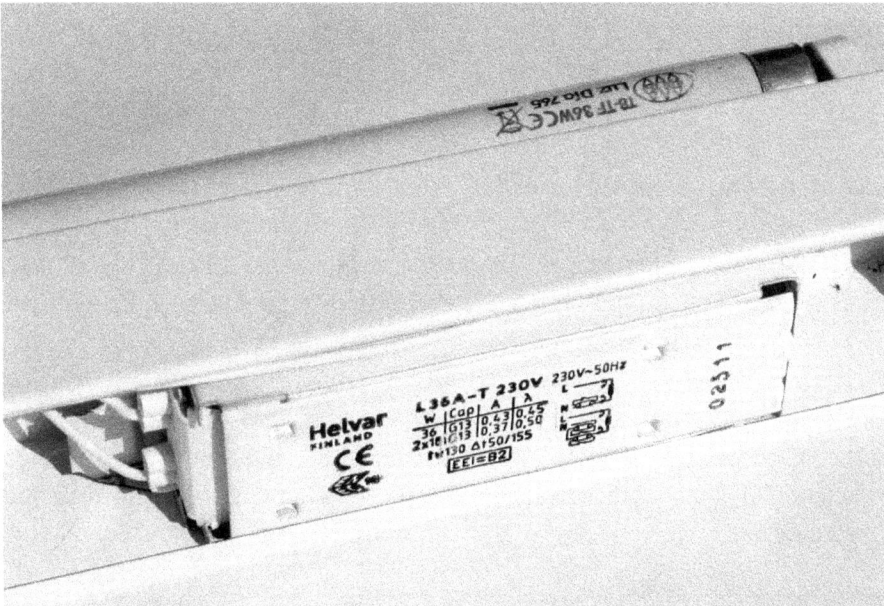

Fig. 2.3 Detalle de un balastro oculto en la carcasa de una lámpara fluorescente.

Recuerda, si tienes el aparato accesible, ¡mide su consumo real! El fluorescente de arriba registró 110 W al medirlo a pesar de tener un tubo de sólo 36 W. Sin haberlo medido, ¡hubieras pedido un generador 3 veces más pequeño!

A la hora de iluminar con fluorescentes, reemplaza los balastros de fluorescentes antiguos por balastros electrónicos que consumen mucho menos. Si no sabes cuál tienes, los balastros antiguos pesan bastante más, como si fueran de metal sólido.

Optimiza los consumos a la vez que dimensionas. Generador y aparatos son un todo, de poco sirve operar un generador de manera muy eficiente con aparatos que derrochan.

Pérdidas de la instalación

Parte de la corriente que circula por un cable se pierde por la resistencia del cable produciendo una caída de tensión. A mayor longitud de cable y menor sección, mayor caída de tensión. Los cables de las instalaciones se dimensionan de manera que esta caída de tensión no supere un porcentaje (habitualmente entre el 3% y el 5%).

Estas pérdidas, sin embargo, **no afectan al dimensionado del generador** ya que, como la tensión está fijada de antemano y no se puede subir para compensar las pérdidas sin sobrecargar otros aparatos en la misma red, es el aparato el que se tiene que conformar con menos electricidad.

Picos de arranque de motores

Lo más sencillo normalmente es preguntar al fabricante. En el Anexo C tienes la respuesta de Grundfos para uno de los motores más comunes, el de las bombas de agua sumergibles.

Es frecuente que los motores lleven asignada una letra del estándar NEMA para motores. Para calcular la potencia de arranque en kVA, multiplica la potencia en caballos por el factor que corresponde a la letra del motor en la siguiente tabla (valores medios):

Letra	Factor	Letra	Factor	Letra	Factor	Letra	Factor
A	2	F	5,3	L	9,5	S	16
B	3,3	G	5,9	M	10,6	T	19
C	3,8	H	6,7	N	11,8	U	21,2
D	4,2	J	7,5	P	13,2	V	23
E	4,7	K	8,5	R	15		

Fig. 2.4 Categoría NEMA de motor y factor de multiplicación para kVA de arranque.

Si el motor tiene en su placa la letra A y es de 10 HP, la corriente de arranque será aproximadamente:

$$10 \text{ HP} * 2 \text{ kVA/HP} = 20 \text{ kVA}$$

Midiendo el consumo de un aparato en concreto

La forma más sencilla y barata de hacerlo para no tener que abrir los circuitos es mediante una pinza amperimétrica o un monitor de energía de pinza, que mide el campo magnético que produce la electricidad que circula por el cable rodeándolo con unas pinzas.

En el caso de la pinza, se obtiene una lectura de amperios y a partir de ella se calcula la potencia. El monitor ya tiene el cálculo en pantalla y permite registrar el consumo durante un periodo largo de tiempo.

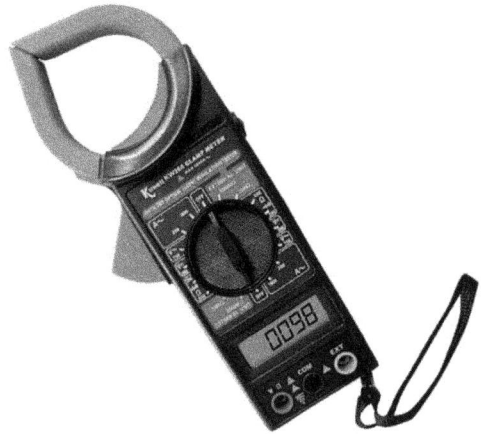

Fig. 2.5 Imagen de catálogo de una pinza amperimétrica Kuwell KW-266.

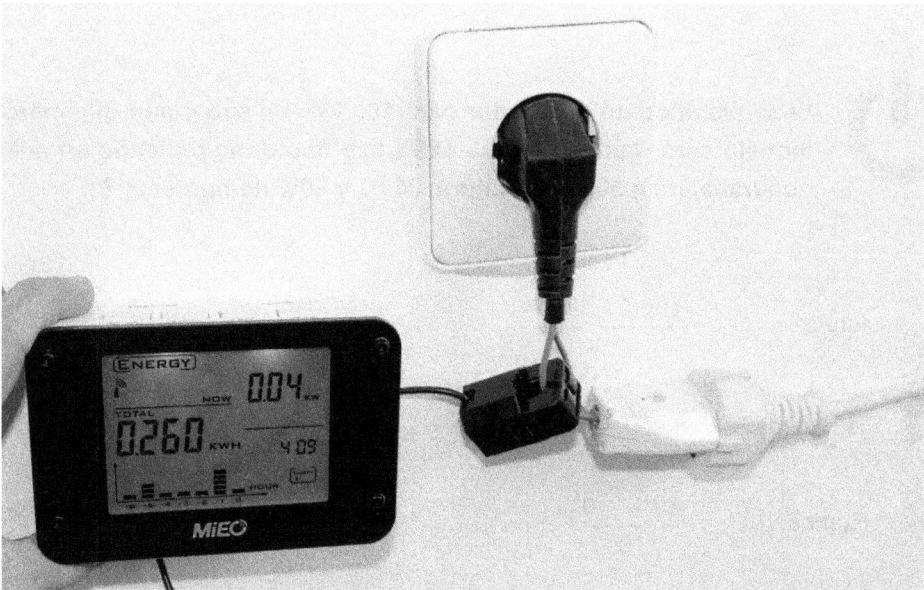

Fig. 2.6 Medida con un monitor de energía de hasta 17 kW (coste inferior a 50 €).

Para medir con ambos es muy importante rodear sólo un cable, de lo contrario lo que se obtiene es la suma vectorial de varios conductores que frecuentemente es 0. Para no tener que separar cables se puede usar una pequeña extensión con los cables separados a la que se enchufa el aparato a medir.

Rebajando según las condiciones de funcionamiento

Al igual que las personas, cuando hace calor, falta el aire, hay demasiada humedad o el aire tiene polvo, pierden capacidad para trabajar. Para corregir estos ambientes se **rebaja** el generador (usa los datos concretos del fabricante, los que vienen a continuación son orientativos):

- Por **temperatura,** aumenta la potencia planificada un 0,2% por cada grado centígrado por encima de 25 ºC.

- Por **altitud,** aumenta un 1% por cada 100 m por encima de los 100 m de altitud.

- Por **humedad,** se incrementa un 1,5% por cada 10% de humedad relativa por encima de 30%.

- Por **polvo,** dependiendo de la restricción de entrada de aire que ocasionen los filtros.

Si se planifica un generador para 100 kW sin saber aún que marca o modelo será, ¿qué potencia extra hay que darle teniendo en cuenta que trabajará a 500 m de altura, 36 ºC y 40% de humedad?

Altura: $\dfrac{500m - 100m}{100m} * 1\% = 4\%$

Temperatura: 36 ºC – 25 ºC * 0,2% = 2,2%

Humedad: $\dfrac{40\% - 30\%}{10\%} * 1,5\% = 1,5\%$

El valor total de rebaja es: 100 kW * (0,04+0,022+0,015) = 7,7 kW

¿Varios generadores en paralelo o uno solo?

Aunque se pueden poner varios generadores en paralelo, la realidad es que es poco práctico y económico para los tamaños menores de 500 kW, que ya es bastante en contextos de cooperación. No es buena idea aunque con ello se pudiera aprovechar uno que ya exista.

Para poner a funcionar dos generadores en paralelo o un generador y otra fuente de corriente alterna (por ejemplo la red eléctrica, un aerogenerador o una microcentral hidroeléctrica), tienen que tener la misma frecuencia y estar en fase. Esto es muy difícil de conseguir y necesita aparatos especiales para lograrlo.

Fig. 2.7 Ocho generadores Pramac GSW en paralelo, Desierto de Atacama, Chile.

Dimensiona con esmero y piensa en consumos futuros porque la decisión del tamaño no es fácilmente revisable una vez comprado el generador. No puedes simplemente comprar un generador de 20 kW para completar el de 50 kW que se quedó demasiado corto.

Lo que sí puede ser interesante es tener dos generadores de tamaño muy distinto que se conectan alternativamente, uno para los grandes consumos y otro para pequeños consumos.

Variaciones de voltaje y frecuencia con la carga

Idealmente, el motor de un generador debe rotar a una velocidad constante que es la que determina la frecuencia del suministro. Por ejemplo, rotando a 1500 rpm, da una frecuencia de 50 Hz. En realidad, va variando dentro de un rango pequeño de variación hasta que se le aplica una carga.

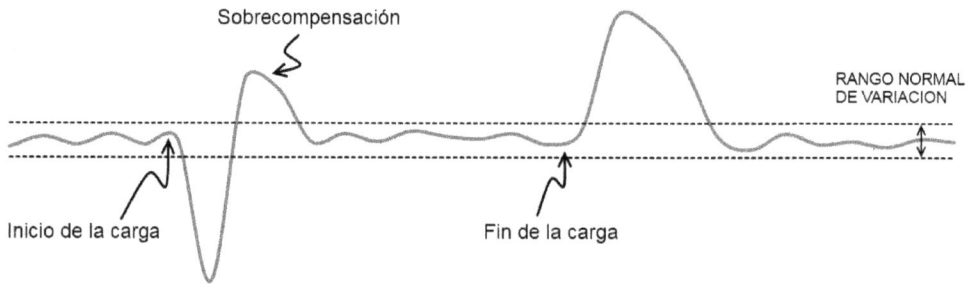

Fig. 2.8 Variación de la velocidad en respuesta a la aplicación de cargas importantes.

La aplicación de una carga hace que el generador se ralentice. Cuando detecta que se está frenando, aumenta la entrada del combustible y vuelve a acelerar para intentar recuperar la velocidad de crucero. En ese proceso se le va la mano ligeramente y se produce una sobrecompensación, donde el generador va más rápido de la cuenta, que se compensa poco después. Una vez estabilizado, cuando se le apaga la carga, se acelera hasta que consigue corregir de nuevo cerrando la entrada de combustible. Las variaciones de velocidad van también acompañadas de variaciones de voltaje.

Estas variaciones, que le son casi indiferentes a una bombilla incandescente, pueden hacer desaparecer misteriosamente los huesos de las radiografías o dejarte una docena de ordenadores tiesos. Además, los motores pierden fuerza con el cuadrado de la caída. Si la tensión cae al 70%, la fuerza lo hace al 49%.

Por eso a la hora de pedir el generador, además de la potencia, deberás especificar la clase de respuesta, como una parte fundamental de lo que determina el tamaño del generador. La clase de respuesta se trata más adelante en las opciones de compra.

Si especificas una clase de respuesta ISO (G1-G4) o compruebas en las especificaciones que las variaciones de frecuencia y tensión están dentro de lo que toleran tus aparatos, no hay que sobredimensionar más como a veces se recomienda.

Dimensionado para consumo constante

¿Qué generador se necesita para un sistema de iluminación de seguridad de un recinto con 100 tubos fluorescentes de 36 W y 70 bombillas de bajo consumo de 20 W si las condiciones de operación nocturnas son 30 ºC, 800 m de altitud y 40% de humedad relativa?

Es poco frecuente que un generador se use sólo para una cosa y tenga además un consumo constante, pero como es el caso más sencillo, nos sirve de ejercicio conceptual.

1. Averiguamos que los fluorescentes llevan un balastro de 20 W por lo que el consumo total es:

   P = (36 W + 20 W) * 100 unidades + 20 W * 70 unidades = 7000 W = 7 kW

2. Queremos que el generador trabaje cerca del 70% para tener un buen equilibrio entre duración de la máquina y eficiencia en el uso del diésel.

   7 kW / 0,70 = 10 kW

3. Rebajamos el generador para tener en cuenta las condiciones de instalación usando valores genéricos:

   Altura: $\dfrac{800m - 100m}{100m} * 1\% = 7\%$

   Temperatura: 30 ºC – 25 ºC * 0,2% = 1%

   Humedad: $\dfrac{40\% - 30\%}{10\%} * 1,5\% = 1,5\%$

   El valor total de rebaja es: 10 kW (0,07+0,01+0,015) = 0,95 kW

   La **potencia prime** que se necesita es: 10 kW + 0,95 kW = **10,95 kW**

Como es improbable que fabriquen un generador de 10,95 kW exactamente, selecciona el inmediatamente superior.

Dimensionado para consumo con pico

Se quiere bombear agua usando una bomba Grundfos de 7,5 kW alimentada con un generador. Se ha elegido una marca concreta de generador que recomienda rebajar el generador un 1% cada 100 m por encima de 250 m, 2% por cada 11 °C por encima de 25 °C y 1,5% por cada 10% de humedad relativa por encima de un 40%. El pozo se encuentra en las cercanías de Uagadugú, a 305 metros de altitud. El diagrama climático es el siguiente:

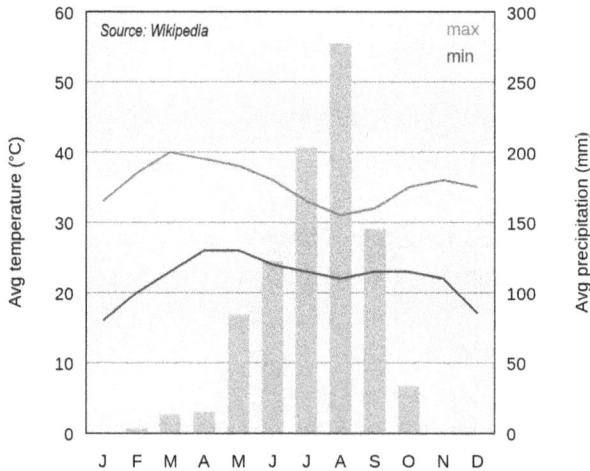

Humedad relativa (%)											
Ene	Feb	Mar	Abr	May	Jun	Jul	Ago	Sep	Oct	Nov	Dec
19	19	20	28	40	49	62	67	60	44	30	23

1. Lo primero es determinar el pico de arranque. Estos datos te los da el fabricante de la bomba, ya que depende del tipo de construcción que tenga. De las tablas de Grundfos del Anexo C se obtiene 2,0.

Potencia del motor de la bomba		Potencia mínima del generador		
HP	kW	kW	kVA	Factor
4	3	8	10	2,7
5,5	4	10	12,5	2,5
7,5	5,5	12,5	15,6	2,3
10	7,5	15	18,8	2,0 ←
12,5	9,2	18,8	23,5	2,0

Para tener en cuenta el pico de arranque el generador será de:

7,5 kW * 2 = 15 kW

Una vez pasado el pico funcionaría aproximadamente al: $\dfrac{7,5 \text{kW}}{15 \text{kW}} * 100 = 50\%$

50% es una carga aceptable para un generador. La carga es aproximada porque la bomba consumirá alrededor de 7,5 kW en función de las condiciones de bombeo, no necesariamente 7,5 kW exactos.

2. Rebajamos el generador para tener en cuenta las condiciones de instalación usando los valores del fabricante.

$$\text{Altura:} \quad \dfrac{305\text{m} - 250\text{m}}{100\text{m}} * 1\% = 0,55\%$$

No vamos a rebajar para la temperatura ya que el pico de arranque se da con la máquina recién calentada; después el generador va sobrado porque trabaja al 43%.

$$\text{El peor mes para la humedad es agosto:} \quad \dfrac{67\% - 30\%}{10\%} * 1,5\% = 5,55\%$$

El valor total de rebaja es: 15 kW (0,0055+0,055) = 0,91 kW

La potencia prime que se necesita es: 15 kW + 0,91 kW = **15,91 kW**

Si hubiera varios motores que arrancar, arranca primero el mayor de ellos y después los demás uno tras otro, de manera que sus picos queden por debajo del primer pico. Si se arranca la bomba antes que otros sistemas, por ejemplo, de iluminación, se puede **"cobijar" su consumo debajo del pico** aumentando la eficiencia con la que trabaja el generador y evitando comprar generadores innecesariamente grandes.

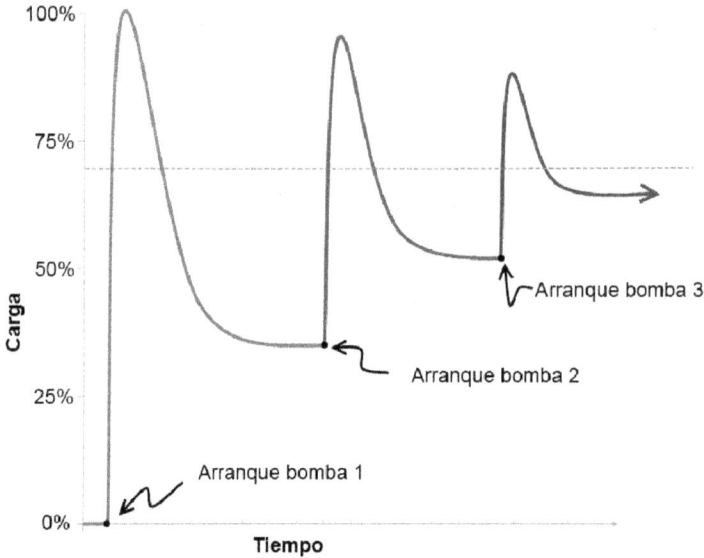

Fig. 2.9 Arranque secuencial de motores sin sobrepasar el primer pico.

No planificar cuando se arranca un motor en relación a otros consumos es un desperdicio de recursos. Se necesitan generadores más grandes que trabajan con una carga menor:

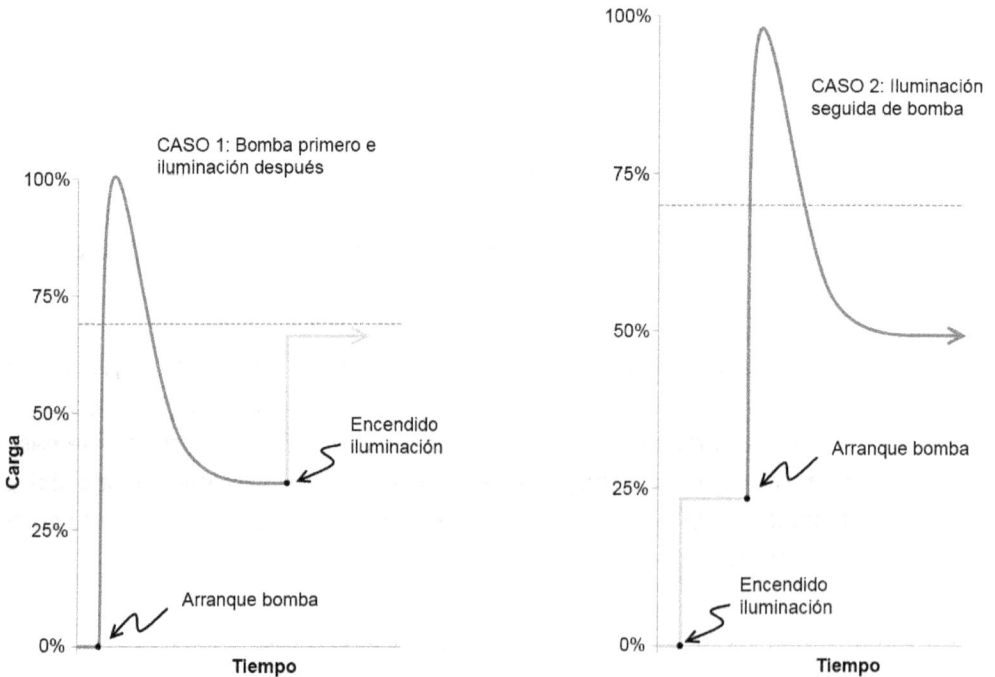

Fig. 2.10 Encendido bajo el pico vs. encendido sobre el pico.

Dimensionado de respaldo para cortes de luz

Se va a instalar un generador de respaldo en un hospital para hacer frente a los cortes de luz que se dan a diario de varias horas de duración. El hospital está a nivel del mar, la temperatura más alta es de 32 ºC y la humedad es muy baja. Se ha medido la potencia consumida de los aparatos más importantes del hospital según las horas del día con el siguiente resultado en kW:

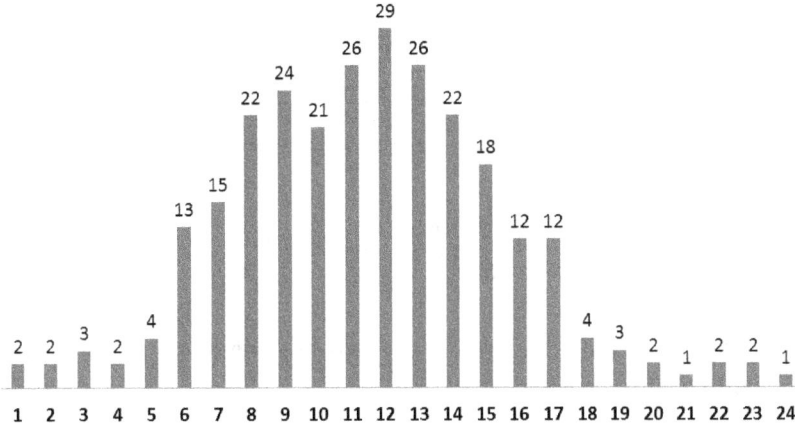

1. Para simplificar el ejercicio, asumimos que la distribución de la carga ya está optimizada. Por la distribución, parece que hay dos momentos del día, uno de alto consumo, de 6 a 17 horas, y otro de consumo más bajo, el resto del día. Como tener un generador muy grande con poca carga es muy ineficaz, se pueden plantear dos generadores: uno que lleve la carga más importante diurna y otro más pequeño que lleve la nocturna.

2. La carga máxima del generador es 29 kW. Calculamos la carga media para el generador suponiendo que fuera de 29 kW, para ver si cumple el criterio de trabajar por debajo del 70%. Por ejemplo, para la hora 6:

$$\% = \frac{13\text{kW}}{29\text{kW}} * 100 = 44{,}8\% \approx 45\%$$

Hora	6	7	8	9	10	11	12	13	14	15	16	17
Carga kW	13	15	22	24	21	26	29	26	22	18	12	12
Carga %	45	52	76	83	72	90	100	90	76	62	41	41

$$Cm = \frac{45*1+52*1+76*2+83*1+72*1+90*2+100*1+62*1+41*2}{1+1+2+1+1+2+1+1+2} = 69\%$$

3. La rebaja por temperatura es: (32 ºC – 25 ºC) * 0,2% = 1,4%

Tras la rebaja, la potencia prime del generador (no se usa potencia standby por funcionar más de 200 h al año) es:

$$29 \text{ kW} * 1{,}014 = 29{,}4 \text{ kW}$$

4. Para el segundo generador se sigue el mismo proceso, teniendo en cuenta que las cargas menores al 30% se computan como 30%:

Hora	18	19	20	21	22	23	24	1	2	3	4	5
Carga kW	4	3	2	1	2	2	1	2	2	3	2	4
Carga %	100	75	50	25	50	50	25	50	50	75	50	100

$$Cm = \frac{100*2 + 75*2 + 50*6 + 30*2}{2+2+6+2} = 59\%$$

Luego el segundo generador es de 4 kW prime. No se rebaja porque el valor sería ridículo, apenas 50 W.

5. Asegúrate que no tendrás picos de arranque de motores que el generador no pueda afrontar. Por ejemplo, si parte del consumo es una bomba de 4 kW con un pico de arranque de 2,5, no puedes arrancar la bomba cuando el consumo esté siendo mayor de:

$$29 \text{ kW} - 4 \text{ kW} * 2{,}5 = 19 \text{ kW}$$

En este caso, podrías arrancar la bomba desde las 6:00 AM hasta las 8:00 AM y de 15:00 PM a 18 PM, o tendrías que pensar en un generador más grande:

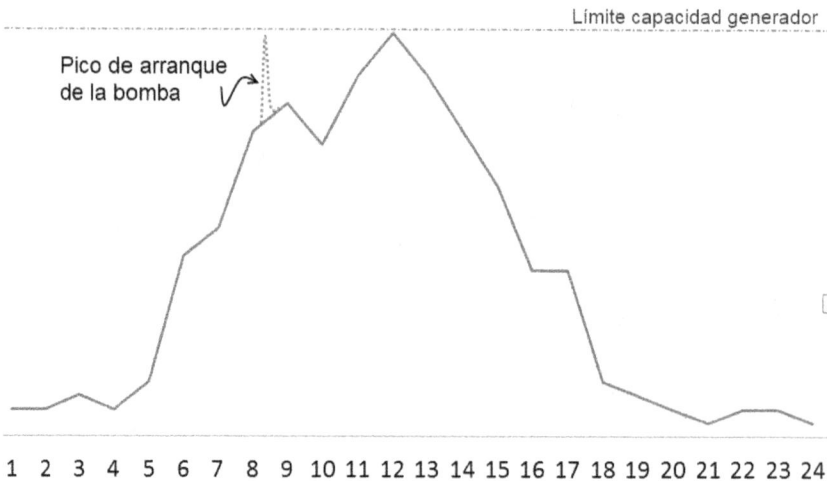

Límite capacidad generador

Pico de arranque de la bomba

1 2 3 4 5 6 7 8 9 10 11 12 13 14 15 16 17 18 19 20 21 22 23 24

Dimensionado de un generador de suministro

Se está dimensionando un generador para el único centro de salud de una isla de Guinea Bissau con una población de 7000 personas. La isla está a nivel del mar, la humedad es muy baja y el generador está especificado para 40 °C. Se ha medido el consumo real de los aparatos, obteniendo los siguientes resultados:

Bomba de agua: 3 kW
Autoclave: 2,3 kW
Iluminación nocturna: 44 W
1 kW para la oficina
Nevera: 135 W
Un aparato de rayos X: 3,5 kW
Lavadora: 1170 W

El caso es muy parecido al anterior, sólo que en vez de medir el consumo de potencia, hay que averiguarlo y estructurarlo viendo cuándo se usa cada aparato.

1. Se organiza una reunión para acordar con las personas implicadas un horario de utilización consolidado que permita un buen equilibrio entre minimizar los gastos de operación y facilitar las tareas del centro. La tendencia normal es querer todo a demanda, por eso es muy importante que las personas comprendan los costes.

    En la reunión se acuerdan los siguientes puntos:

    a. La bomba de agua debe trabajar 3 horas diarias pero el horario es completamente libre.
    b. El autoclave se utilizará al final de la jornada, cuando los instrumentos se laven y se esterilicen para el siguiente día. Hacen falta dos ciclos de 60 minutos cada uno.
    c. La iluminación nocturna y la nevera son imprescindibles, pero para que funcionen automáticamente sin supervisión, se utilizará un banco de baterías. El horario de oficina es de 8:00 AM a 12:00 AM y de 2:00 PM a 17:00 PM.
    d. Las radiografías se harán en dos horas de libre elección.
    e. Hacen falta tres ciclos de lavadora diarios, cada uno de una hora de duración, preferiblemente por la mañana para que se pueda secar y airear la ropa.

Has calculado que necesitas almacenar 2,7 kW y que el cargador consume 445 W durante 9 horas para cargar las baterías.

2. Se consolidan los puntos acordados en un horario de utilización de la manera más práctica posible. Una posible solución sería esta:

Tipo de carga	kW	1	2	3	4	5	6	7	8	9	10	11	12	13	14	15	16	17	18	19	20	21	22	23	24
																Hora del día									
Bombeo agua	3														█	█	█								
Autoclave	2,3																	█	█						
Iluminación	0,044	█	█	█	█	█	█												█	█	█	█	█	█	█
Oficina	1								█	█	█	█			█	█	█								
Nevera	0,135	█	█	█	█	█	█	█	█	█	█	█	█	█	█	█	█	█	█	█	█	█	█	█	█
Lavadora	1,170								█	█	█														
Rayos X	3,5										█	█													
Cargador inversor	0,445								█	█	█	█			█	█	█	█	█						
CONSUMO TOTAL HORARIO		0.18	0.18	0.18	0.18	0.18	0.18	0.14	2.75	2.75	6.25	5.08	0.14	0.14	4.58	4.58	4.58	2.88	2.92	0.18	0.18	0.18	0.18	0.18	0.18

El patrón de carga del generador y de las baterías que produce es:

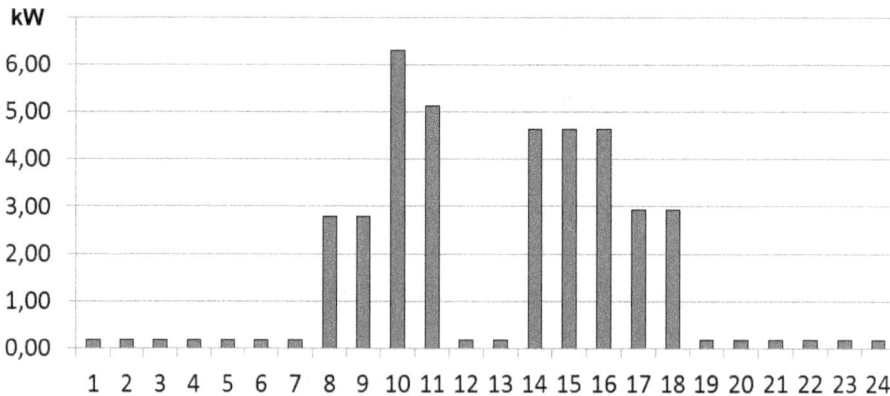

3. Comprobamos los picos de arranque. Fíjate que la bomba de agua se ha puesto al principio del segundo turno de generador para encenderla en solitario y luego añadir el resto de las cargas. El pico de arranque de una bomba de 3 kW es 2,7 según las tablas del Anexo C. La potencia mínima del generador para arrancar la bomba es:

$$3 \text{ kW} * 2{,}7 = 8{,}1 \text{ kW}$$

4. En la hora de mayor carga, las 10 h AM, se consume 6,25 kW. Como es menor que el pico de la bomba, este será el que determine la potencia del generador.

5. Por las condiciones de trabajo, no hay ninguna rebaja que aplicar. El generador que necesitamos tendría una potencia de 8,1 kW prime.

6. En el mercado local hay generadores de 9 KW. La carga media de este generador sería:

$$Cm = \frac{30,56*2+69,44*1+56,44*1+50,89*3+32*1+32,49*1}{2+1+1+3+1+1} = 44,91\%$$

7. El último paso sería averiguar el coste de funcionamiento tal y como aprendiste en el primer capítulo y evaluar si se pueden afrontar esos gastos.

Frecuentemente no se pueden afrontar los gastos de lo que se considera necesario y hay que asumir compromisos. En esos casos, se puede **dimensionar el generador desde el presupuesto anual hacia atrás**, es decir, el dinero da para consumir un número de kW y se decide en función de ello qué se va a conectar y cuándo hasta llegar al límite presupuestario.

3

Selección y compra

Debido a las particularidades de estos contextos, ten en cuenta que:

- Es mejor pedir **modelos y opciones simples**, que predominen en la zona y que se puedan reparar con las habilidades, los repuestos y las herramientas disponibles localmente. Evita motorizaciones muy sofisticadas con sistemas de control delicados y multitud de sensores, y generadores con piezas que se puedan desprogramar.

- El pedido de máquinas o **piezas no estándar puede atrasar el envío y la recepción de los repuestos** muchos meses. Si el generador es realmente necesario, difícilmente podrá esperar más que algunos días.

Entendiendo especificaciones y opciones de compra

Una vez que ya has determinado la potencia que se necesita, hay que determinar el resto de opciones hasta llegar al generador óptimo para la aplicación. En este capítulo se repasan las principales especificaciones y opciones disponibles para ayudarte a tomar decisiones informadas.

Número de fase, frecuencia y tensión
Opciones: Trifásico o monofásico; 50 o 60 Hz; voltajes diversos.

La tensión y la frecuencia vienen determinadas por la zona donde estás y los aparatos que puedes comprar. En las potencias más bajas se puede elegir entre generadores monofásicos y trifásicos. A partir de cierta potencia, son todos trifásicos.

Puedes pensar en las fases como en los cilindros de un motor. En un sistema monofásico la electricidad se anula en algún momento de la fase y se queda sin fuerza. En los sistemas trifásicos, aunque una fase se anule, el resto siguen teniendo fuerza. Esto hace que las máquinas monofásicas se tengan que adaptar a quedarse sin corriente en cada ciclo y deban tener más inercia llevando a motores mucho más pesados y caros, e instalaciones que usan más cobre.

Los generadores monofásicos son más simples y evitan la complicación de tener que gestionar las fases. Se pueden conectar directamente sin modificaciones a la red de un edificio. Si la carga implica muchos motores, mejor un generador trifásico.

Clase de respuesta a la carga
Opciones: G1, G2, G3 y G4

La aplicación de cargas ralentiza el generador y varía la frecuencia y el voltaje hasta que se adapta, tal como viste en una sección anterior. Unos generadores tienen una respuesta más rápida y precisa a las cargas que otros en función de la aplicación (ver la tabla a continuación). La mayoría de aplicaciones requieren una clase G2. Para conectar el ordenador que conectas en tu casa, no te hace falta una clase G4. En caso de duda, lo mejor es que preguntes al fabricante.

A veces el fabricante te da una recomendación. Por ejemplo, los aparatos de rayos X suelen necesitar que la caída de voltaje no supere el 10%. En estos casos, consulta las especificaciones del generador para asegurarte de que no habrá problemas.

Clase	Descripción	Ejemplos
G1	Aplicaciones sin grandes requerimientos.	Iluminación, calefacción con resistencias.
G2	Nivel de requerimiento similar al de una conexión a la compañía eléctrica.	Iluminación, bombas, aparatos con motores, etc. Lo que conectarías en tu casa.
G3	Aplicaciones con una demanda estricta de voltaje, frecuencia y forma de onda.	Equipos especializados de telecomunicaciones y aquellos con tiristores.
G4	Aplicaciones con demandas excepcionalmente severas.	Equipos de procesado de datos y computadoras (a escala industrial).

Fig. 3.1 Clases de respuesta según la norma ISO 8528-1.

Clase de aislamiento y de incremento de temperatura del alternador

Opciones: Combinaciones de A, B, F y H

Estas características vienen representadas en las especificaciones con dos letras separadas por una barra oblicua (F/B, H/F, H/H ...). La primera letra es la clase de aislamiento y la segunda la de incremento de temperatura. El aislamiento y aumento de temperatura son mayores según se avance en el alfabeto.

Para un mismo generador, alternadores con menor aumento de temperatura permiten un mejor arranque de motores, menores caídas de voltaje y mayor capacidad de aceptar cargas no lineales o no balanceadas. Además, cuanta mayor sea la clase de aislamiento sobre la de temperatura, mayor duración tendrá el aislamiento. En otras palabras, mejor H/B que H/H.

Tipo de excitación

Opciones: Imán permanente (PMG) o autoexcitados

En los generadores autoexcitados es el propio funcionamiento del alternador el que produce el campo magnético, mientras que los de imán permanente tienen imanes que mantienen el campo magnético estable.

La diferencia fundamental es que en los autoexcitados si el motor cambia la velocidad de rotación, por ejemplo al frenarse durante el arranque de un motor, ese frenado debilita el campo magnético y reduce el voltaje. Además, cuando están apagados dependen de un débil magnetismo residual, por lo que no pueden arrancar con carga.

Cuando pierden el magnetismo residual, hay que restablecerlo con corrientes externas.

Por otro lado, un generador autoexcitado se autoprotege de cargas excesivas porque estas colapsan el campo magnético y se termina la inducción. Un generador de imán permanente admite sobreintensidades de 2 o 3 veces su carga nominal durante periodos de hasta 10 segundos. Esto es muy útil para arrancar motores y fuentes no lineales, pero necesita protecciones externas para no autodestruirse.

Revoluciones del motor
Opciones: 1500 o 3000 rpm (1800 o 3600 rpm en generadores de 60 Hz)

Si se aumentan las revoluciones de 1500 a 3000 rpm (o de 1800 a 3600 en 60 Hz) se consiguen máquinas con la misma potencia pero la mitad del tamaño. Los generadores con esta configuración son más baratos y pequeños pero tienen algunos inconvenientes: mayor ruido con un tono más desagradable, menor duración, mayor frecuencia de mantenimientos y peor capacidad para arrancar motores.

Tipo de admisión de aire
Opciones: Atmosféricos o turbo

Los motores con turbo son comparativamente más pequeños y tienen más limitaciones para aceptar cargas muy grandes.

Tipo de reguladores de velocidad
Opciones: Mecánico o electrónico

Los reguladores o controladores de velocidad controlan la entrada del combustible al motor para mantenerlo en las revoluciones correctas con distintas cargas. Los reguladores mecánicos detectan mecánicamente las revoluciones manteniéndolas normalmente en ± 3-5% entre vacío y plena carga. Sirven para aplicaciones donde la caída de frecuencia no sea un problema o no haya capacidad para mantenimientos más sofisticados.

Los reguladores de velocidad electrónicos son mucho más rápidos y, debido a la normativa para controlar las emisiones, cada vez más dominantes. Es probable que no sea posible elegir reguladores de velocidad mecánicos en algunos generadores.

Sistemas de arranque

Opciones: Eléctrico o neumático; Simple, a distancia o automático.

Los sistemas de arranque manual por cuerda se instalan en generadores de muy baja potencia. El de aire comprimido suele ser práctico para grupos más potentes que los considerados en este libro. El arranque con batería es el más conocido y habitual. Debido a las normas leoninas de algunas aplicaciones, algunos generadores especifican arranque en 10 segundos, carga en frío y otras aplicaciones que pueden complicar y encarecer enormemente la instalación.

Si el arranque es simple, piensa si interesa tener una llave o basta con un interruptor. Para el arranque a distancia (automático cuando detecta un corte de luz) se necesitan instalar accesorios.

Generadores con cabina

Opciones: Grado de protección IP, protección acústica, material.

La cabina se usa principalmente para proteger al generador de los elementos de manera compacta y/o disminuir el ruido, pero no lo resguarda del frío. En condiciones donde se prevea corrosión, es necesario que las cabinas sean de aluminio. Los generadores con cabina no se deben instalar dentro de una casetas cerradas.

Fig. 3.1 Generador Pramac GBW22 con cabina.

Fig. 3.2 Generador Pramac GBW22 con la cabina abierta para el mantenimiento.

El nivel de ruido se especifica generalmente con mediciones en decibelios a una distancia de 7 m. En el Capítulo 4 se trata el ruido con más detalle.

La protección de la cabina se mide con el estándar IP, por ejemplo, IP32. El primer dígito es la protección contra la entrada de sólidos y el segundo contra el agua. La siguiente tabla explica los códigos IP:

IP	Entrada de sólidos y objetos	Entrada de líquidos
0	Sin protección.	Sin protección .
1	Cuerpos extraños con diámetro >50 mm.	Gotas verticales.
2	Cuerpos extraños con diámetro >12 mm.	Gotas con 15° desde la horizontal.
3	Cuerpos extraños con diámetro >2,5 mm.	Agua pulverizada (hasta 60° desde la vertical).
4	Cuerpos extraños con diámetro >1 mm.	Agua pulverizada.
5	Contacto y sedimentaciones de polvos en el interior.	Chorros de agua (desde todas las direcciones).
6	Contacto y penetración de polvo.	Inyección accidental de agua.
7	N/A.	Inmersión temporal.
8	N/A.	Inmersión indefinida.
9	N/A.	Inyección a presión de agua (80-100 bar).

Fig. 3.3 Tabla explicativa de los códigos IP.

Panel de control

Opciones: Analógico, digital, otros; integrado o en armario independiente

El panel analógico es el más antiguo; lleva indicadores de agujas, como el que se presentó en la introducción. Suele existir una versión similar digital que añade alguna alarma e indicador más. Otros paneles digitales más avanzados (con microprocesador o de control total) probablemente sólo aporten problemas en estos contextos donde tienen mala vida. Sea cual sea el panel, ¡que lleve un **botón rojo de parado de emergencia**!

Fig. 3.4 Panel integrado analógico con botón de parada de emergencia.

El panel analogico o digital lo más sencillo posible es preferible, para evitar tener que llevar al generador al psicólogo para resolver la avalancha de fallos fantasma de sensores, y también para permitir arreglos locales y la utilización de piezas de desguace como en la imagen de la siguiente página.

Fig. 3.5 Panel integrado analógico con botón de parada de emergencia sobre otro panel estropeado.

¿Tropicalización?

A veces se ofrecen generadores tropicalizados sin mayor detalle de lo que implica o con que condiciones serían necesarios. En algunas ocasiones es un tratamiento contra los hongos, en otras incluye tratamiento contra la humedad que también es necesario en climas nada tropicales. Pregunta al proveedor qué es exactamente lo que ofrece.

Pidiendo el generador y los accesorios

Cuando tienes claro la potencia y las especificaciones básicas del generador, es hora de hablar con los proveedores para ver qué es lo que tienen.

No dejes esta operación exclusivamente en manos de compañeros que lleven la logística. Ya has visto que no todos los generadores son iguales aunque tengan la misma potencia, que el precio de compra no es el único criterio y puede llevar a falsas economías, y que el hecho de que el generador sea más potente no lo hace mejor, sino probablemente lo contrario. ¡No sería la primera vez que se compra un generador de un modelo porque estaba de oferta como si fueran patatas!

En esos primeros contactos, es importante tener claro:

- La potencia necesaria.
- El tipo de uso: prime o standby.
- La tensión, frecuencia y el número de fases.
- Si llevará cabina o será abierto.
- El clima y las temperaturas a las que trabajará.
- El tipo de panel de control.
- El nivel de ruido tolerable.
- Las horas que debe durar el tanque de combustible diario.
- El tipo de aparatos que se van a conectar y su tolerancia a variaciones de frecuencia y voltaje.
- Cuál es la carga de arranque de motores.
- Cuál es la carga máxima que se conectará en cada paso de la secuencia.

Los accesorios

Además del generador, necesitarás alguno de estos accesorios:

- Cargador independiente de baterías. Arrancar el generador con cables es peligroso porque las chispas pueden hacer explotar acumulaciones de hidrógeno.
- Depósito en la bancada y/o exteriores.
- Muelles antivibración para el ruido.

- Calentadores de líquido refrigerante en climas fríos o cuando el generador se carga a los pocos segundos de arrancar.
- Calentadores de aceite en climas muy fríos.
- Calentadores anticondensación, en climas fríos o muy húmedos.
- Tubos de escape y sus accesorios.
- Campana de evacuación, ¡muy importante!
- Interruptor de transferencia.
- Material para toma de tierra.
- Monitor de energía o pinza amperimétrica para entender el consumo de los distintos aparatos y ver cómo utilizarlos.
- Extintores tipo ABC o BC.

¡Recuerda **pedir el manual y el libro de repuestos**!

Repuestos esenciales

Consulta con el proveedor cuáles son los repuestos esenciales del generador, es decir, aquellos que cumplen todas estas condiciones:

- No son parte del mantenimiento periódico.
- Tienen más posibilidades de fallar.
- Inutilizan el generador cuando fallan.
- Y no son caros. No tiene sentido almacenar un alternador entero de repuesto, pero sí un fusible o un diodo.

Pidiendo piezas de recambio

Imagina que necesitas pedir el contador de horas de un generador Pramac S12000. Lo primero que harías sería identificarlo en el libro de repuestos:

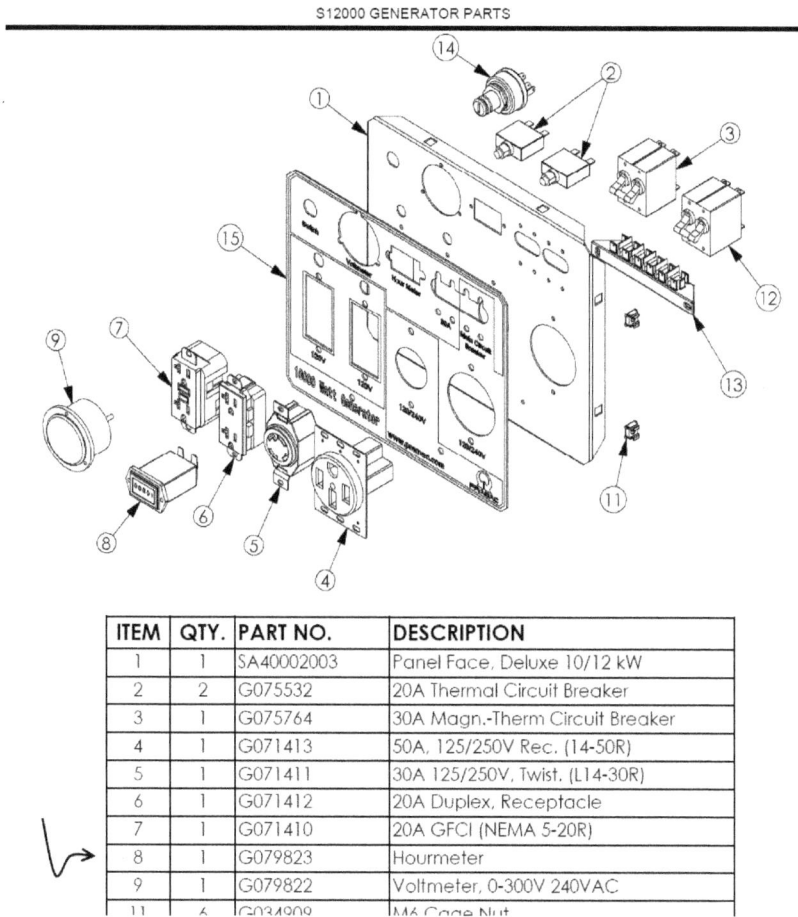

S12000 GENERATOR PARTS

ITEM	QTY.	PART NO.	DESCRIPTION
1	1	SA40002003	Panel Face, Deluxe 10/12 kW
2	2	G075532	20A Thermal Circuit Breaker
3	1	G075764	30A Magn.-Therm Circuit Breaker
4	1	G071413	50A, 125/250V Rec. (14-50R)
5	1	G071411	30A 125/250V, Twist. (L14-30R)
6	1	G071412	20A Duplex, Receptacle
7	1	G071410	20A GFCI (NEMA 5-20R)
8	1	G079823	Hourmeter
9	1	G079822	Voltmeter, 0-300V 240VAC
11	6	G034909	M6 Cage Nut

Fig. 3.6 Despiece del panel de un generador Pramac S12000.

Después harías el pedido especificando la cantidad que necesitas, el número de pieza (*PART NO.*), la descripción (*DESCRIPTION*) e incluirías el modelo y el número de serie de tu generador (si adjuntas la foto de la placa, mejor todavía).

Por ejemplo:

1 Hourmeter (Part No. G079823) para un generador Pramac S12000 con número de serie 802893-323-B.

4

Instalación

Consulta las normas locales en materia de generadores (sobre todo de respaldo), incendios, almacenamiento de combustible y otras que puedan ser aplicables.

La instalación de un generador necesita de electricistas profesionales que estén familiarizados con el trabajo y conozcan las normas locales que deben respetar.

Asegúrate de que generador, protecciones y aparatos trabajan todos con la misma frecuencia.

Asegúrate que cumples con los requerimientos de este capítulo por chorras que te puedan parecer o porque se diluyan entre otras infinitas emergencias y tareas que te asedian. En cooperación rara vez se respetan, y es una de las principales razones por las que los generadores ocasionan unos gastos imposibles, tienen vidas cortas y se averían con excesiva frecuencia.

Seleccionando el emplazamiento

La instalación debe realizarse en un lugar no inundable, no susceptible de daños por desastres, vandalismo, robo, conflicto armado, y que acomode dos principios muchas veces contradictorios: estar lo más cerca posible de las cargas para evitar pérdidas de potencia y lo más alejado posible de las personas por el ruido y los gases tóxicos.

Algunos otros puntos a tener en cuenta son:

- El acceso que tiene para rellenar el depósito de combustible, para meter y sacar el generador y sus futuros reemplazos, y realizar las puestas a punto.

- Buscar lugares que no vayan a ser un estorbo para otros usos o ampliaciones de infraestructuras existentes.

- Lugares con una propiedad del terreno bien definida, donde todas las instalaciones se realicen en lugares que más tarde no vayan a comprometer el acceso por su propiedad o sean susceptibles a cambios de opiniones de personas, instituciones o conflictos entre las comunidades.

- En caso de generadores de respaldo, se deben buscar lugares y configuraciones en las que un desastre no afecte a la vez a la instalación principal y a la de respaldo.

- La toma de tierra debe quedar suficientemente lejos de otras tomas de tierra para evitar interferencias (al menos 20 m).

- Evitar localizaciones que supongan un peligro de incendio o que pongan en peligro a las personas si se incendia (por ejemplo, en una planta baja al lado de la única salida de un edificio).

- Busca localizaciones que generen consenso entre las personas.

- Evita la cercanía de fuentes de agua que se puedan contaminar con los derrames de aceite y combustible.

Una vez identificadas las distintas alternativas, realiza un croquis que resuma la instalación, los accesos, las entradas y salidas de aire y gases, el ruido y demás cosas que verás a lo largo del capítulo. ¡Mejor encontrar los errores en el croquis de papel que en el de cemento! Una vez lo tengas, ya puedes buscar el visto bueno de todas las partes implicadas.

Transporte de generadores

Ya sea al principio de la instalación o cuando sea necesario transportar el generador por un cambio de instalación o para el mantenimiento, ten presente estos dos puntos que dañan frecuentemente los generadores:

1. No transportes generadores abiertos sin **protegerlos completamente con una lona** que evite que la lluvia, el polvo, los insectos o la arena los golpee a la velocidad del vehículo.

2. Al izar el generador con una grúa, **usa los puntos de anclaje de la base**, nunca los que puedan llevar el motor o el alternador, o se desalinearán. Comprueba que ninguna eslinga tocará partes del generador cuando esté tensa para evitar daños por aplastamiento. Eso se consigue con separadores como si fuera una marioneta de hilos. ¡Comprueba que la grúa los tiene para no tener que improvisar una mala solución en medio de la faena!

En la imagen se usan los puntos de anclaje pero observa como una de las eslingas aplasta el escape:

Fig. 4.1 Izando el generador de Adado, Somalia. La eslinga comprime el escape.

La caseta del generador

Una vez seleccionado el emplazamiento, queda definir cómo va a ser la caseta del generador o la habitación que lo albergue. Cuando el generador tiene su propia cabina y el clima se presta, no es necesaria una gran estructura, sólo un cobertizo que lo proteja del sol y la lluvia, y haga más llevadero el trabajo de los operarios. La cabina ya ha tenido en cuenta los requerimientos de ventilación, insonorización, etc.

Fig. 4.2 Cobertizo sobre un generador con cabina en Nairobi, Kenia.

No debes instalar generadores con cabina, sobretodo si es acústica, en el interior de espacios cerrados por la restricción excesiva de los flujos de aire y porque los escapes de estos no son del todo estancos y se pueden producir intoxicaciones.

De la misma manera, **no debes instalar generadores abiertos en cobertizos abiertos**, deben estar protegidos de los elementos y especialmente del viento en climas áridos y polvorientos. El polvo depositado disminuye la refrigeración, y la arena proyectada con fuerza por el viento erosiona los aislamientos. Esto, por ejemplo, ha sido muy mala idea:

Fig. 4.3 Generador fuera de servicio en una caseta inapropiada, Wargalo, Somalia.

A veces hay que planificar un espacio de almacenamiento o para los operarios. El habitáculo de los generadores no debe almacenar otras cosas por el riesgo de incendio, accidentes y daños por corrosión (por ejemplo, con el cloro).

Fig. 4.4 Caseta con almacén en Mudug, Somalia.

La caseta de la imagen podría mejorarse si la puerta, que hace las veces de entrada de aire, tuviera una rejilla inclinada y el tejado fuera de algún material que irradiara menos el calor al generador que la chapa. Si la cubierta de chapa ya está instalada, haz agujeros de ventilación en la pared debajo de ella por su lado más alto.

Dimensiones

Las dimensiones generales de la caseta y de la puerta deben ser lo suficientemente grandes para que pueda meterse y sacarse el generador, y realizar todas las operaciones de mantenimiento. Si es un generador con cabina asegúrate que se podrán abrir las puertas. Hace falta como mínimo un metro alrededor del generador. Planifica una rampa suave para facilitar la entrada y salida del material. El Anexo E resume las dimensiones orientativas de los distintos elementos.

Planificación del escape

El escape debe ser lo más sencillo, corto y recto posible para evacuar los gases con facilidad. Si lleva codos, deben ser codos con un radio de curvatura de al menos 6 veces el diámetro. El escape se instala tan alto como permita la caseta para ayudar a dispersar el humo procurando que salga lejos de ventanas, puertas, edificios, tomas de aire o material inflamable, y a favor de la dirección predominante del viento. La instalación debe tener en cuenta el tránsito eficaz de flujos y gases como se explica más adelante.

Para evitar la corrosión por el agua de condensación, el tubo de escape debe instalarse con una ligera inclinación hacia el exterior, con el silenciador lo más cerca posible del motor y con accesorios de evacuación del agua. El escape debe acomodar la expansión térmica e ir colgado para que su peso no descanse directamente sobre la salida del motor. Recuerda proteger el escape con una reja que impida la anidación de pájaros si la salida es horizontal.

Los silenciadores más potentes son muy voluminosos y suelen tener necesidades especiales de espacio.

Toma y salida de aire.

Las tomas de aire y de expulsión deben ser suficientemente grandes para no impedir el flujo de aire. Normalmente la toma es de 1,5 a 2 veces más grande que la salida y su forma es más libre. La salida se adapta a la forma del radiador y, al ser una fuente de ruido importante, conviene orientarla de manera que no moleste. En la planificación, ten en cuenta que la salida debe llevar una campana desde el radiador a la pared, tal como se explica más adelante en el apartado Flujos de aire y gases.

La instalación de **rejillas laminadas es muy importante** para evitar el deterioro prematuro del generador por la suciedad, el viento, la arena y la lluvia. A pesar de que en cooperación es muy frecuente instalar rejas que a menudo hacen de puerta (como puedes ver en la imagen), evita escrupulosamente hacerlo. Las puertas deben sellar tapando el hueco de la puerta y no sólo impedir el acceso de personas.

Fig. 4.5 Rejas en lugar de puerta y rejilla, un error frecuente en climas cálidos.

Protección contra riesgos de guerra

En zonas de conflicto puede ser necesario proteger generadores con sacos de arena dentro de recintos de hospitales, oficinas, zonas de residencia, etc. Consulta el libro *Staying Alive* del ICRC para ver detalles de cómo se hace.

Cimentación

El generador debe ir apoyado en una estructura lo suficientemente sólida para mantener la alineación entre el eje del motor y el alternador.

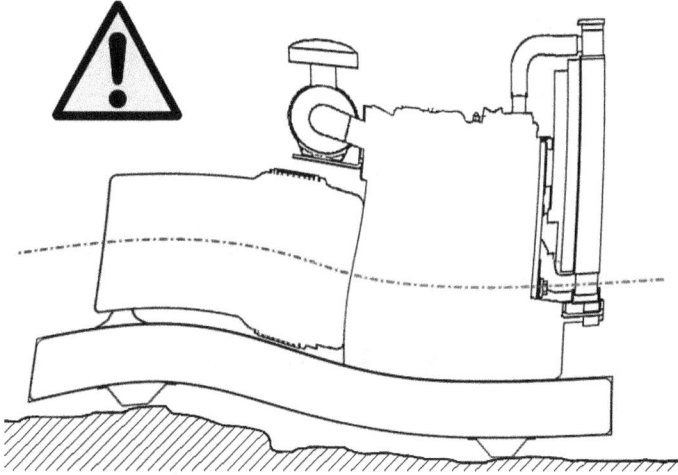

Fig. 4.6 Los generadores mal apoyados desalinean sus ejes.

La manera más rápida y práctica es colocar el generador sobre una losa de hormigón. La dimensión de esta losa debe sobrepasar el generador en al menos 20 cm y pesar como mínimo el doble del peso de funcionamiento del generador. Para ello, puedes calcular el espesor de la losa según la fórmula:

$$e = \frac{2 * P}{a * b * 2400}$$

Donde, P = peso en funcionamiento del generador
a = ancho en metros
b = largo en metros
2400 kg/m³ corresponde a la densidad del hormigón 1:2:3.

Es muy importante que tengas en cuenta que:

- La cimentación debe ir aislada del resto de cimentaciones del edificio para evitar daños a otras estructuras debido a las vibraciones.

- Que el generador no va sobre ningún material que sea combustible.

- Si usas una estructura existente, asegúrate de que es capaz de sostener el generador, los accesorios y el depósito.

- Si va directamente sobre el suelo, asegúrate de que el suelo puede soportar la carga.

- La cimentación no puede ir directamente apoyada sobre roca, cemento o hierro ya que estos materiales transmiten las vibraciones a grandes distancias. Para evitarlo, se coloca la losa de hormigón sobre una capa de arena de al menos 20 cm.

- La cimentación debe ir aislada de otras estructuras con máquinas, ya que cuando estas están paradas no tienen presión de aceite que lubrique los componentes y las vibraciones causarán estragos.

- La plataforma debe estar sobreelevada al menos 15 cm para facilitar el mantenimiento (drenajes y acceso), evitar daños por inundaciones y evitar que el agua de condensación se empantane debajo, para que no sea aspirada por el motor o el alternador.

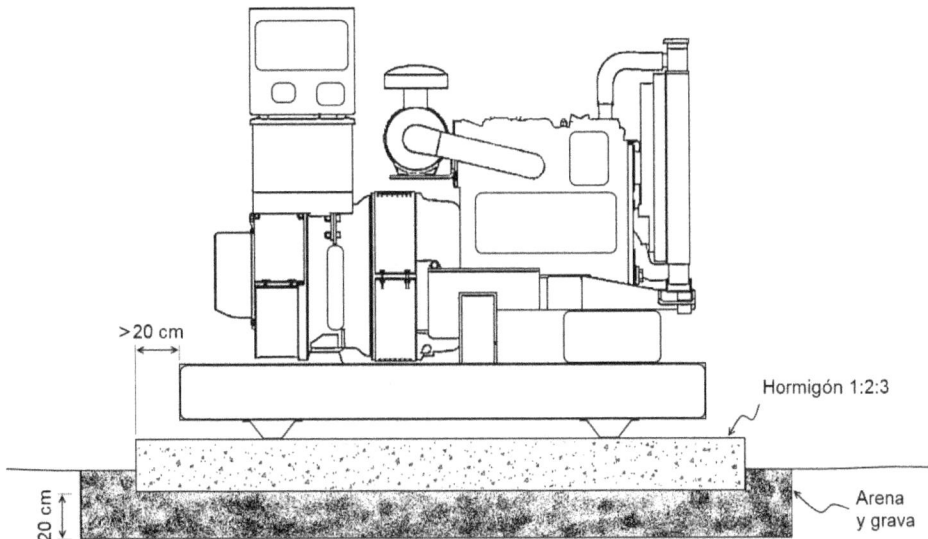

Fig. 4.7 Esquema de cimentación.

Flujos de aire y gases

Es importante que un generador tome aire frío y evacue el aire caliente en tomas opuestas. ¿Recuerdas la rebaja de generador por la temperatura? Si la caseta se recalienta, el generador pierde potencia y consume más diésel.

No organizar las entradas y salidas de aire es un despilfarro importante y absurdo, ya que las medidas de corrección son muy fáciles y baratas:

- Procura instalar las **entradas y salidas en lados opuestos,** la entrada lo más baja posible, y la salida a la altura del radiador y a favor del viento predominante.

- Instala una **campana de evacuación** con un fuelle saliendo del radiador para evitar que el aire caliente se quede en la caseta. La campana debe ser al menos 1,25 veces el área del radiador. ¡Instalar esta campana es tan raro en cooperación como vital!

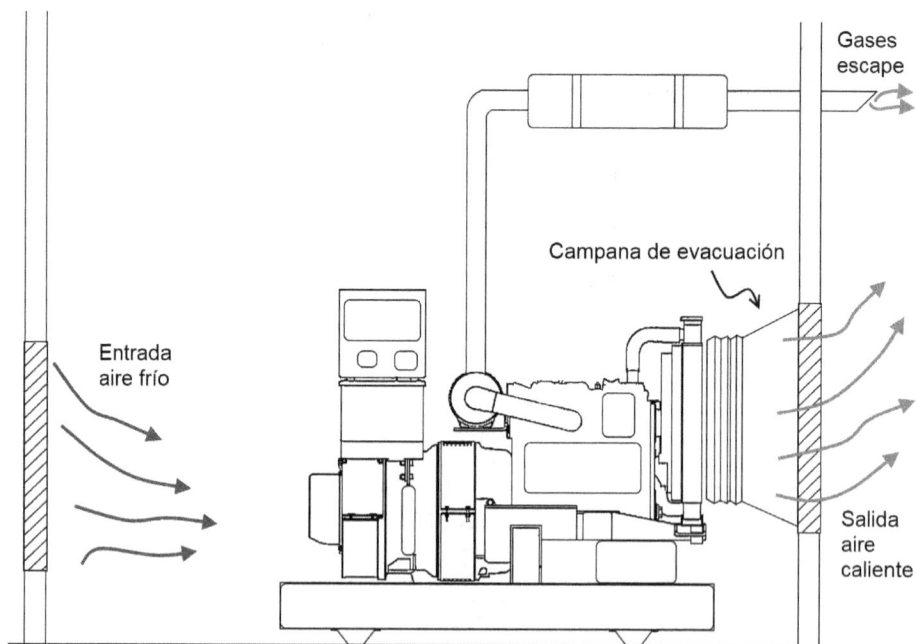

Fig. 4.8 Flujo correcto de aire y escape. Salida con campana de evacuación.

- Asegúrate de que la disposición de la entrada y la salida fuerza al aire a **pasar por el cuerpo del generador**:

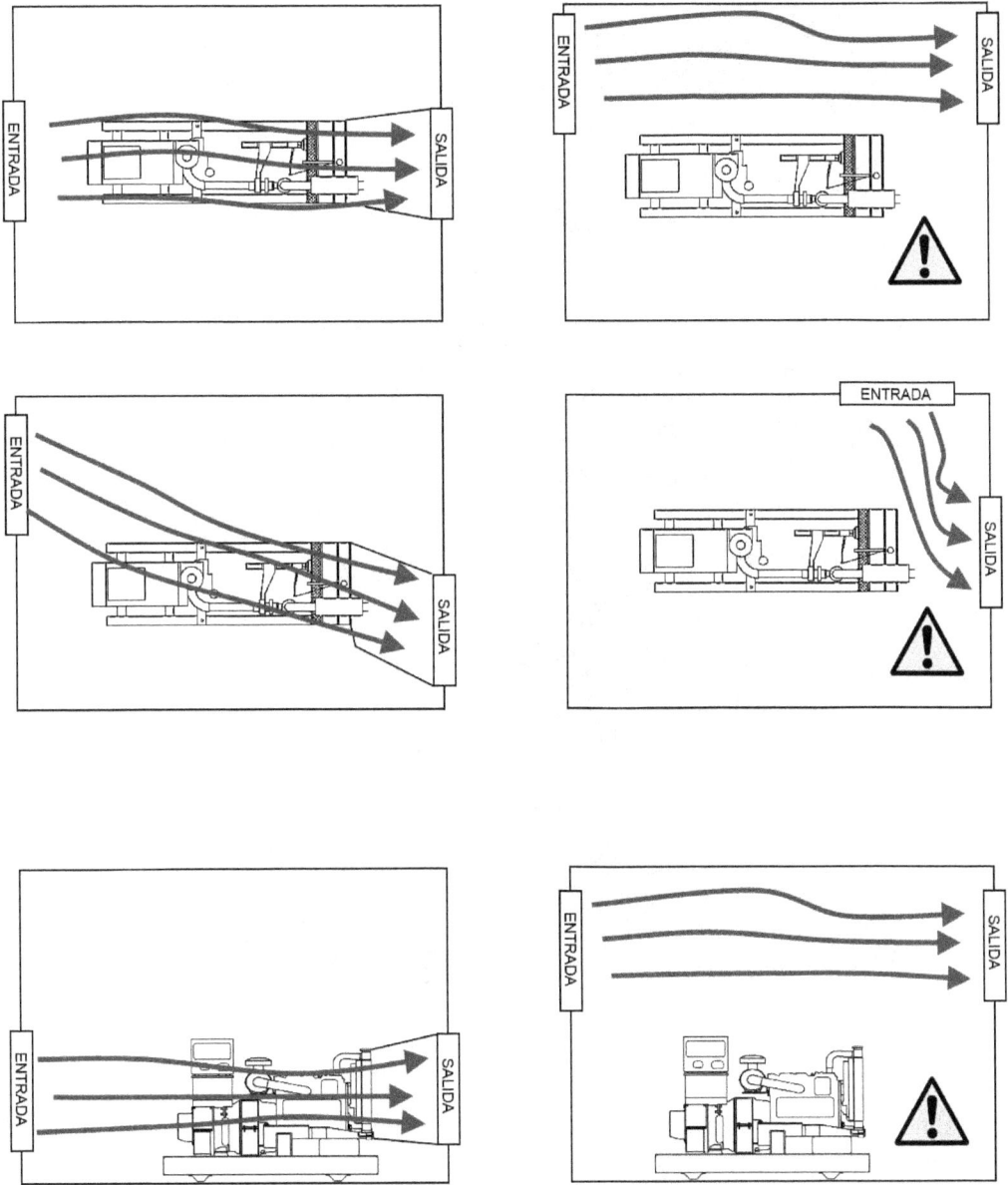

Fig. 4.8 Las disposiciones de la derecha no garantizan la refrigeración correcta.

¿Recuerdas la rebaja por altura por la falta de aire? La salida de los gases de escape también debe estar lejos de la entrada, no sólo por la temperatura sino para impedir que las partículas del humo vuelvan a entrar y saturen el filtro del aire prematuramente. Con el filtro de aire taponado al aire le cuesta entrar, y se dispara el consumo y disminuye la potencia.

Fig. 4.9 Detalle de la campana de evacuación en un generador con cabina.

Idealmente el flujo de aire en la caseta debe seguir la dirección predominante del viento. En lugares con mucho viento o viento variable, cuando no se puede orientar adecuadamente el generador en función del viento o simplemente cuando no se sabe su dirección, se debe levantar una **barrera contra el viento delante de la salida** similar a la que se describe para el sonido más adelante. Debe estar a un distancia de como mínimo 1 vez la altura del radiador, aunque lo ideal sería 3 veces.

Depósitos de combustible

Es frecuente que los generadores vengan con el tanque de combustible incorporado en la base que se llama tanque diario. Ese tanque debe ser lo suficientemente grande para abastecer al generador durante el periodo de trabajo, ya que no se debe repostar con el generador caliente o en marcha (¡y tardan mucho en enfriarse!), y además hay que **esperar a que las partículas y el agua sedimenten de nuevo tras haber repostado**. Esta es la disposición del tanque más compacta y que requiere menos trabajo.

Fig. 4.10 Detalle de un depósito diario integrado en la bancada.

Las otras dos alternativas son un tanque independiente en combinación con un depósito diario, o el tanque independiente. Cuando este tanque independiente existe, va fuera de la caseta para facilitar el llenado y mantenimiento.

Consideraciones generales

- **Usa tubos y accesorios de acero negro**. Ninguna de las partes del sistema de combustible puede estar galvanizada o ser de latón, cobre o zinc, ya que catalizan la descomposición del combustible.

- La toma debe estar **50 mm por encima del fondo** para evitar aspirar sedimentos, suciedad y agua.

- Deben tener una **válvula de drenaje inferior** para eliminar el agua y los sedimentos.

- Los depósitos de combustible no se deben llenar completamente; normalmente se deja alrededor de un **6% para la posible expansión**.

- Los depósitos de doble pared sirven para contener las fugas en el caso de que la primera pared se perfore.

- El depósito y las tuberías **no deben situares en un lugar muy cálido, muy frío, o ni expuestos a cambios de temperaturas muy bruscos.** Con el calor, el diésel se expande y a partir de los 71 °C causa pérdidas de potencia en el motor. Y 71 °C no es mucho para una tubería oscura expuesta al sol. Si hace demasiado el diésel se gelifica. Finalmente, con demasiados cambios de temperatura se condensa agua dentro del tanque.

- Deben ser llenados a través de **filtro separador de agua** para evitar daños a los inyectores y la bomba de inyección.

En el caso de instalar un tanque independiente:

- La tubería debe ser lo más corta posible, generalmente menor de 6 m.

- La tubería de conexión al depósito independiente debe ser igual o mayor a la tubería desde el tanque diario, generalmente superiores a ½" para las potencias consideradas en este libro.

- La tubería de combustible debe estar protegida de la vibración y lejos de cables eléctricos, escapes o partes calientes.

- La salida del combustible estará idealmente a una altura entre la de la entrada de la bomba de inyección y la de los inyectores, para asegurar que llegue combustible, y de manera que no rebose hacia las líneas de retorno del motor.

- El camino debe estar en pendiente continua para alimentar por gravedad, sin zonas que puedan atrapar aire.

- El depósito debe tener un respiradero para aliviar sobrepresiones y permitir el vaciado sin crear vacío.

Reduciendo el ruido

Los generadores diésel son ruidosos, muy ruidosos. Aunque es frecuente que no necesiten ninguna atenuación por el lugar donde están, en otras aplicaciones es muy importante. En la mayoría de estos casos una atenuación de 35-40 dB es suficiente. Además del nivel de ruido, el tono también importa. Así, los generadores de 3000 rpm, además de ser mucho más ruidosos, emiten un ruido más agudo y penetrante que resulta más molesto.

La escala de decibelios (dB)

Para medir el ruido se usan los decibelios, que siguen una escala logarítmica de manera que el doble de 40 decibelios no son 80 sino 43. El nivel de ruido se duplica por cada 3-5 dB de incremento.

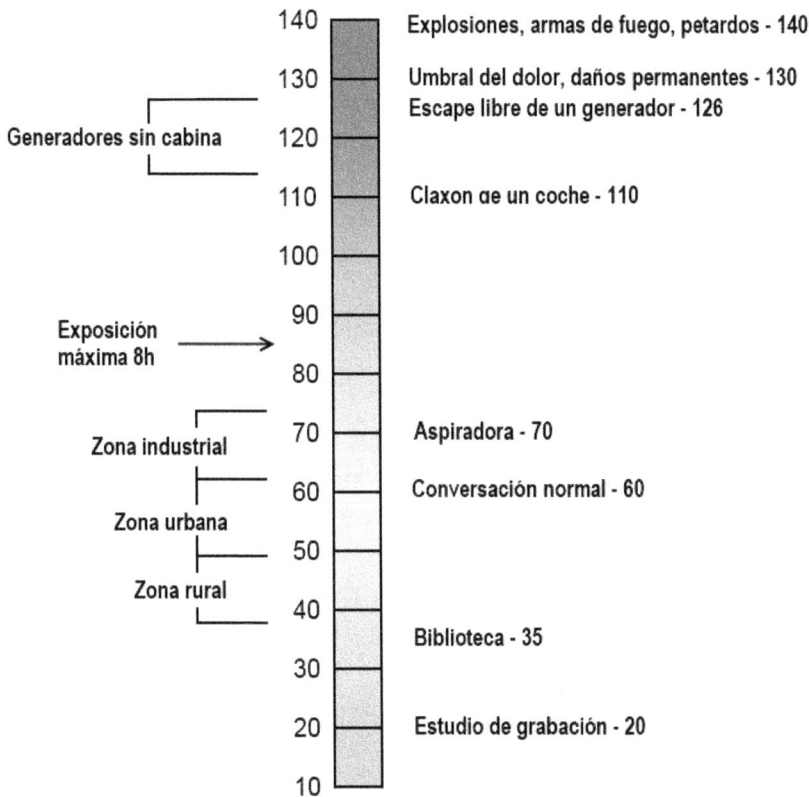

140	Explosiones, armas de fuego, petardos - 140
130	Umbral del dolor, daños permanentes - 130
	Escape libre de un generador - 126
Generadores sin cabina 120	
110	Claxon de un coche - 110
100	
Exposición máxima 8h 90	
80	
Zona industrial 70	Aspiradora - 70
60	Conversación normal - 60
Zona urbana 50	
Zona rural 40	Biblioteca - 35
30	
20	Estudio de grabación - 20
10	

Fig. 4.11 Escala de decibelios con niveles de ruido comunes.

Fuentes de ruido y estrategias de atenuación

Independientemente de cual sea la fuente, la manera más barata y sencilla de eliminar el ruido es alejarlo. **Cada vez que se duplica la distancia, se produce una atenuación de 6 dB aproximadamente.** Lo interesante de esta estrategia es que la mayor parte de la atenuación se produce en los primeros metros, así que alejando un poco se puede llegar muy lejos en la prevención del ruido:

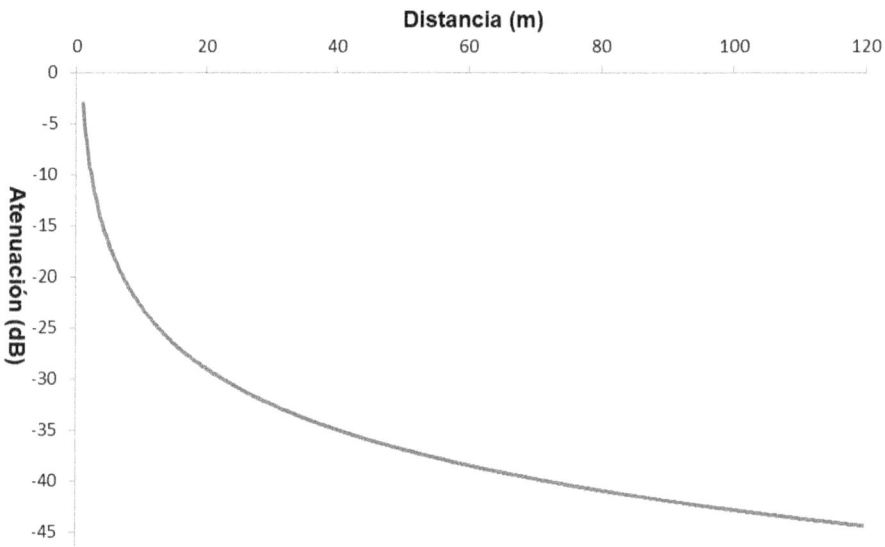

Fig. 4.12 Atenuación del ruido en función de la distancia.

A. **Ruidos del escape**. Es uno de los ruidos más aparatosos y al mismo tiempo uno de los más fáciles de resolver mediante la instalación de silenciadores. Normalmente, los silenciadores se fabrican con cuatro niveles de atenuación:

- **Industrial:** reducción de 12 a 18 dB.
- **Residencial:** 18 a 25 dB.
- **Crítico:** 25 a 35 dB.
- **Supercrítico:** 35 a 42 dB.

Los silenciadores más exigentes pueden ser muy grandes, asegúrate de que caben en la caseta. Fíjate que alejar un generador 40 m produce una reducción similar a un silenciador supercrítico.

B. Ruido mecánico. Proviene del movimiento de las partes del generador. Su atenuación es una cuestión de masa entre la fuente y la persona que escucha, por lo que se suelen usar bloques de hormigón rellenos de arena compactada o mortero en la construcción de casetas o muros para barreras de sonido.

Las ranuras, grietas y puertas de acceso que sellan mal son vías de escape del ruido y es importante corregirlo. Existen rejillas de entrada y salida de aire silenciadas. Aunque es posible recubrir el interior de la caseta de material aislante acústico, suele ser bastante caro. Otra opción consiste en la instalación de cabinas atenuadas, que, aunque son caras, pueden evitar tener que construir una caseta sólida:

Fig. 4.13. Mantenimiento del generador en una cabina atenuada. El material de insonorización queda a la vista en las puertas.

C. Ruidos de refrigeración son los que hacen el radiador y el ventilador. Aunque se puede mitigar colocando radiadores sobredimensionados o alejando el radiador, lo más práctico en cooperación probablemente sea colocar una barrera de sonido de bloques rellenos. Asegúrate de que la distancia es al menos 1,5 metros desde la rejilla para no dificultar la refrigeración.

D. Ruidos por vibración. Son los más rebeldes y se transmiten por las estructuras a grandes distancias. Se corrigen aislando el generador de las estructuras, sobretodo de la base. Los amortiguadores que vienen de serie con los generadores no consiguen grandes atenuaciones. Los muelles combinados con almohadillas consiguen buenos aislamientos. En zonas sísmicas los apoyos de muelles deben evitar que haya desencajamientos.

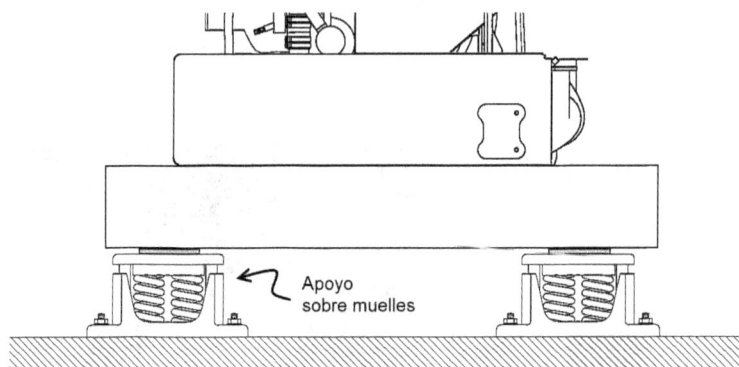

Fig. 4.14. Montaje de muelles antivibración.

Cuando es necesaria una gran atenuación para aplicaciones muy críticas, se coloca una base de inercia entre el suelo y el generador y se conectan los elementos entre ellos con muelles. La base de inercia suele ser una losa de hormigón con al menos 1,5 veces la masa del generador.

También es necesario aislar otros puntos de apoyo que puedan transmitir vibraciones: pasos de tubería, escapes, soportes de tubería, soportes de cables, etc. A la hora de colgar o apoyar tuberías, poner los apoyos de manera irregular contribuye a atenuar las vibraciones:

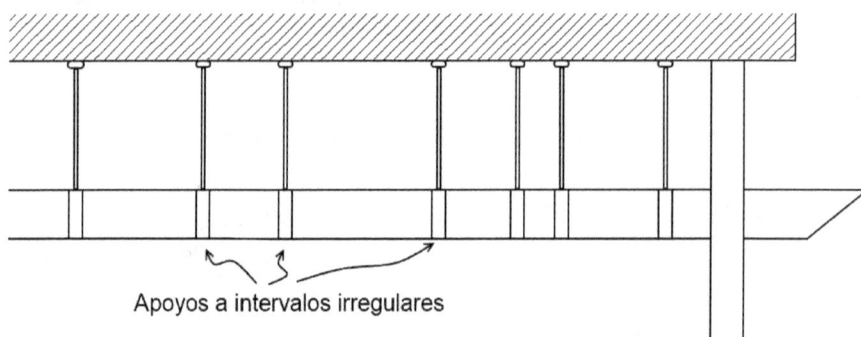

Apoyos a intervalos irregulares

Fig. 4.15. Los apoyos colocados a intervalos irregulares atenúan las vibraciones.

Finalmente, es importante adoptar un enfoque global: ¡de poco sirve instalar silenciadores muy buenos si apenas se va a actuar sobre el resto de componentes que seguirán emitiendo mucho ruido!

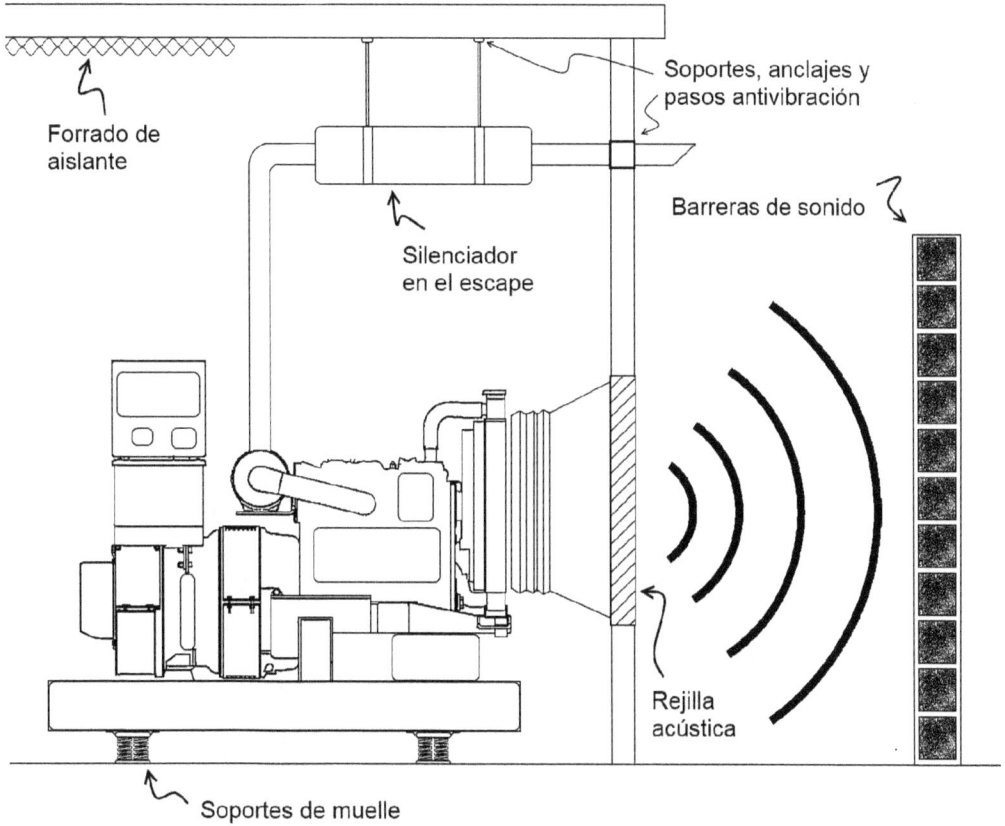

Fig. 4.16. Resumen de las medidas de aislamiento acústico.

Protecciones eléctricas

Los trabajos eléctricos deben ser impecables. Observa si las instalaciones son profesionales o están llenas de empalmes, cables pelados y carcasas al descubierto como ves en la imagen. ¡No permitas instalaciones de este tipo, que ponen en peligro a las personas y a las máquinas!

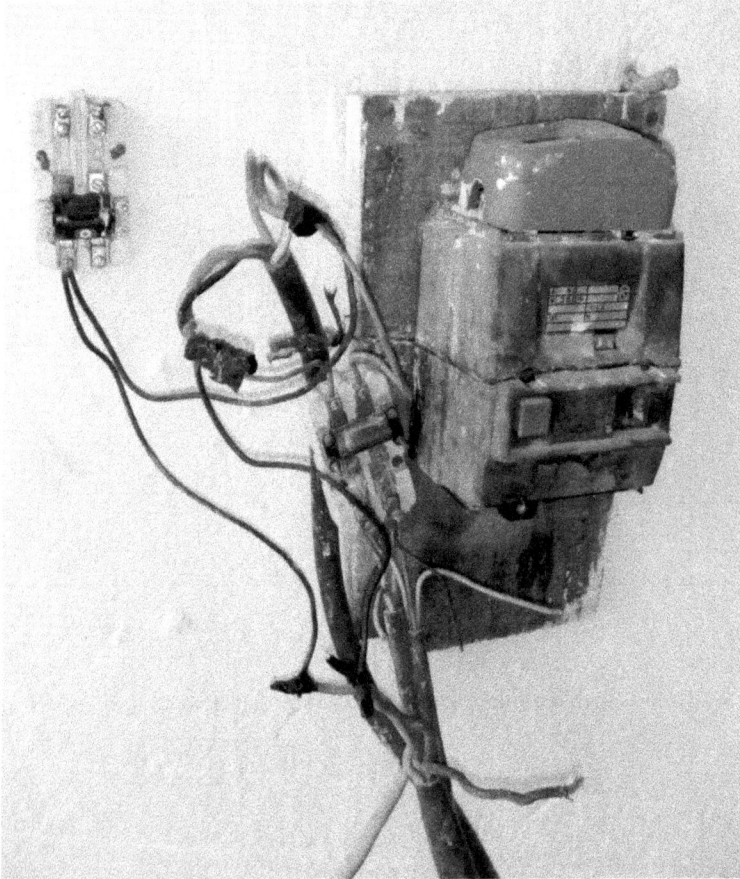

Fig. 4.17. Parte de la instalación de un generador con cables a 380 V (!) al descubierto.

Toma de tierra

Todos los generadores, incluidos los portátiles, deben tener **instalada una toma de tierra** para evitar accidentes y proteger los aparatos.

La toma de tierra es una instalación muy sencilla y muy barata de protección contra la electrocución. Se trata de proveer un camino de muy poca resistencia para que en caso de fuga, la electricidad tenga más fácil el paso por el sistema que por una persona. **¡Coloca la toma de tierra antes de hacer cualquier prueba de funcionamiento!**

Suele consistir en una o varias barras metálicas enterradas y conectadas a la instalación eléctrica a través de un cable verde y amarillo. En los generadores va al neutro si no hay una conexión de tierra, pero sigue siempre las instrucciones del fabricante. Todas las carcasas metálicas y elementos metálicos deben estar conectados. Comprueba que no haya ninguna otra toma de tierra en menos de 20 metros para evitar interferencias entre ellas.

Interruptor diferencial

Las instalaciones **deben tener un interruptor diferencial** para evitar la electrocución de las personas.

Es muy importante que la instalación eléctrica proteja a las personas. La protección se realiza con un interruptor diferencial, que corta el circuito cuando detecta que el circuito tiene una fuga (lo que ocurre cuando una persona se electrocuta).

Los diferenciales se reconocen fácilmente porque normalmente tienen un botón con una "T" de test para probarlos. Para proteger a las personas, la sensibilidad debe ser 30 mA.

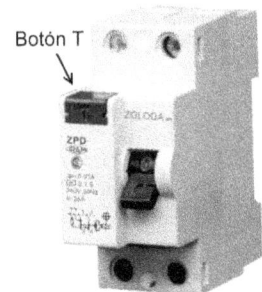

Protección contra sobrecargas

Si el generador no lo lleva, es buena práctica colocar un interruptor magnetotérmico a la salida del generador para evitar sobrecargas. Un valor frecuentemente recomendado es una protección al 115%.

¿Qué protección debe colocarse a la salida de cada fase de un generador 220V/380V de 100 kVA? ¿Y para una carga trifásica equilibrada y conductor de 3 cables?

1. Para cada fase: $kVA = \dfrac{V * I}{1000}$ Luego $I = \dfrac{1,15 * kVA * 1000}{V}$

$$I = \frac{1,15 * 100 * 1000}{220} = 522,72 \text{ A.}$$

Como sólo se fabrican algunas intensidades, se seleccionaría la más próxima por debajo, 500 A.

2. Para el sistema trifásico equilibrado de 3 cables,

$$I = \frac{1,15 * kVA * 1000}{V} = \frac{1,15 * 100 * 1000}{380} = 302,63 \text{ A} \rightarrow 300 \text{ A.}$$

En el anexo A encontrarás las fórmulas para calcular potencias e intensidades de distintos sistemas. Observa que: 220 V * 1,732 = 380 V.

Interruptores de transferencia

En su versión más sencilla los interruptores de transferencia permiten elegir la fuente de electricidad que va a recibir la carga y se asegura que las fuentes no actúan a la vez sin estar sincronizadas.

Imagina una instalación que recibe la luz de la red eléctrica y tiene un generador de respaldo para cuando se va la luz:

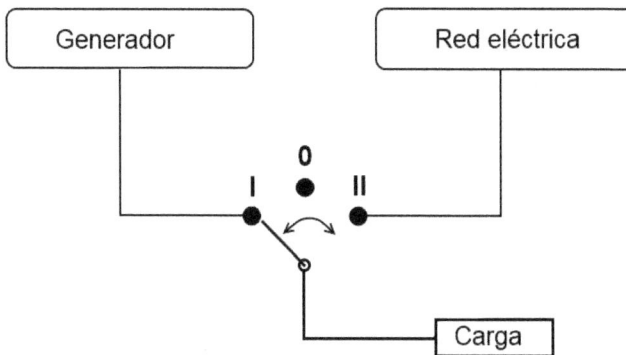

Fig. 4.18. Esquema de conexión de un interruptor de transferencia.

Cuando el interruptor está en la posición I, la carga recibe la electricidad del generador, cuando está en la posición 0, desconecta la corriente de las dos fuentes y en la posición II conecta la carga a la red eléctrica. Cuando se va la luz, se arranca el generador y cuando está listo para aceptar la carga, se gira el interruptor de la posición II a la I.

Es muy importante desconectar el interruptor de transferencia cuando se realicen trabajos eléctricos, sobre todo en los automáticos, para evitar que el generador arranque con operarios trabajando en él, y para evitar descargas eléctricas.

Salvo que haya un equipo para sincronizar perfectamente las ondas, el generador y la red o cualquier otra fuente no deben quedar conectados en ningún momento para evitar consecuencias catastróficas por falta de sincronización en todos los equipos.

Algunos interruptores son capaces de cambiar de fuente con gran rapidez. Cuanto más rápida sea la transición entre fuentes, más complejo es el equipo para sincronizar las ondas. Los interruptores de estado sólido, por ejemplo, pueden hacer esa transferencia en menos de ¼ de ciclo (5 milisegundos). En estos es muy importante que las ondas se hayan sincronizado antes de hacer el cambio.

Al ser equipos bastante especializados y por la posibilidad de provocar grandes daños si fallan, probablemente sea buena idea limitarse a dos tipos de transferencias:

- **Interruptor de transferencia automático**, envía una señal para que el generador arranque y le transfiera la carga.

- **Interruptor de transferencia manual,** en el que la transferencia se hace a mano permitiendo que el generador arranque sin carga y caliente. Normalmente van con un testigo que indica cuando ha vuelto la corriente:

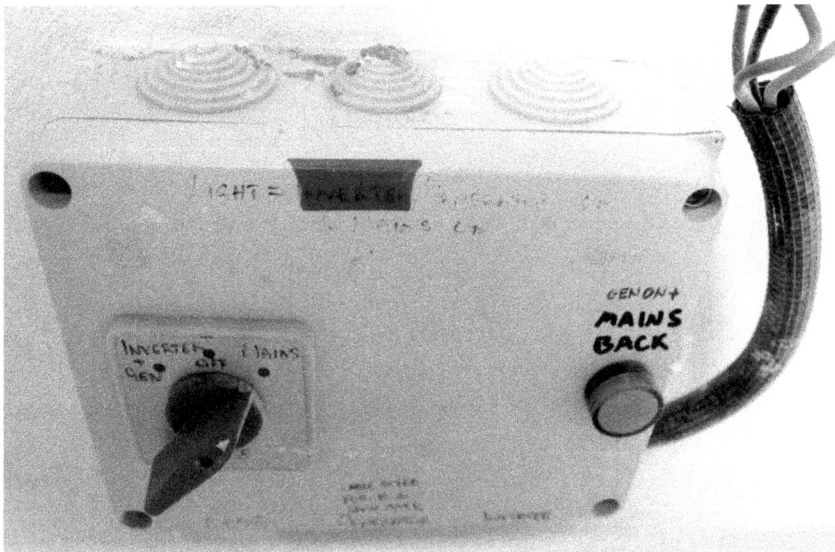

Fig. 4.19. Interruptor de transferencia. El piloto verde indica la vuelta de la luz.

En ambos casos puedes instalar pequeñas UPS de ordenador para equipos que no puedan perder la corriente durante el cambio (ordenadores, equipos de telecomunicaciones, etc.). Si aun así necesitas interruptores de transferencia más sofisticados, el fabricante te ayudará con ellos.

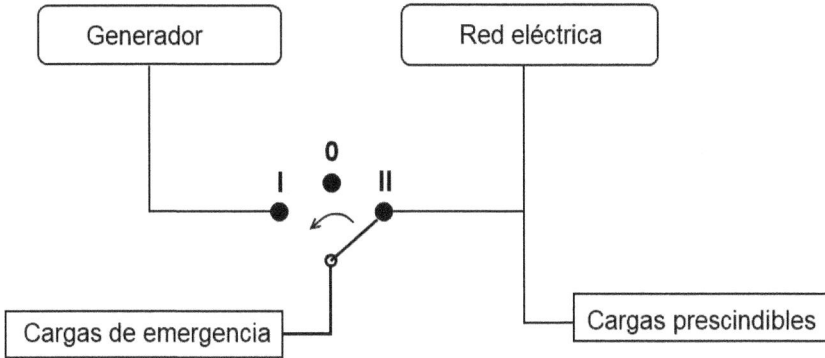

Fig. 4.20. Esquema de conexión del interruptor de transferencia a cargas de emergencia.

Equilibrando las fases

En los generadores trifásicos es muy importante repartir las cargas de manera equilibrada entre las distintas fases. Para ello, hay que planificar la instalación eléctrica de manera que los circuitos de cada fase lleven una carga lo más similar posible. Cuando un aparato es trifásico su consumo ya es equilibrado. De no consumir equilibradamente se producen sobrecalentamientos y pérdidas de eficiencia. Como en la práctica esto es difícil de conseguir religiosamente en redes pequeñas, lo importante es que tengas en cuenta estos dos puntos:

- **La carga de ninguna fase debe superar la potencia del generador**; no es porque una fase vaya más ligera que se puede sobrecargar las otras.

- **A mayor carga total del generador, más equilibradas deben ir las fases.** El esquema a continuación establece márgenes típicos de cargas desequilibradas para generadores de menos de 200 kW. La carga de fase debe quedar dentro del área sombreada, es decir, que un generador que lleva el 10% de su potencia como carga trifásica, puede tolerar que en una de sus fases lleve además una carga monofásica extra del 60% de su potencia.

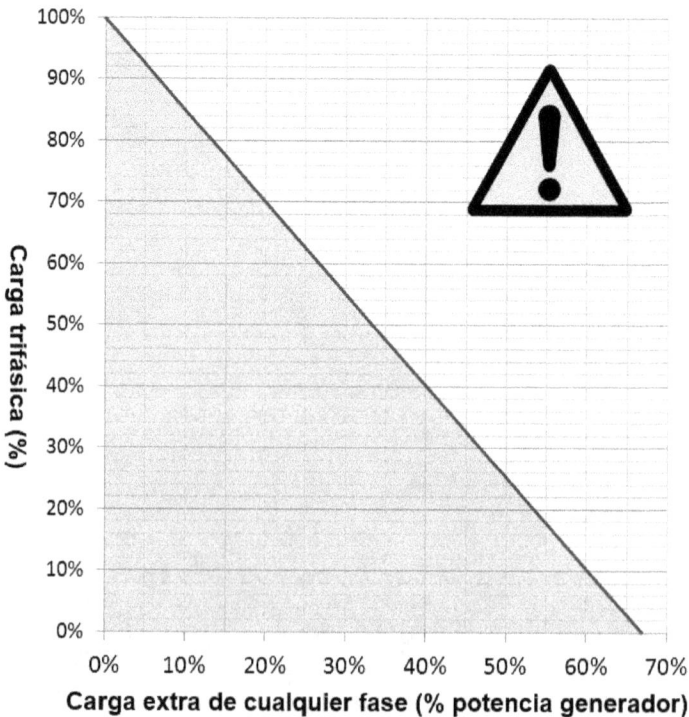

Fig. 4.21. Tolerancia a cargas no equilibradas en generadores de menos de 200 kW.

¿Cuál es la carga máxima de una fase en un generador de 100 kVA que funciona en conjunto al 70%?

1. En el gráfico superior, la carga máxima de una fase para una carga global trifásica del 70% es el 20%.

2. La carga máxima extra de cualquier fase es el 20% de la total, luego:

   100 kVA * 0,2 = 20 kVA

   La fase podrá llevar como máximo 20 kVA además de la carga trifásica.

Un generador con cargas de fases no equilibradas **produce voltajes de fase desequilibrados**. Comprueba que esos voltajes están dentro de los márgenes que pueden tolerar los equipos, sobretodo los motores trifásicos.

El regulador de voltaje de algunos generadores sólo usa una fase de referencia para regular el generador. Las cargas más sensibles a cambios de voltaje deben ir conectadas en esa fase.

Mejorando instalaciones existentes

Ahora que ya conoces los requisitos básicos observa esta imagen por un momento y piensa que es lo qué habría que mejorar:

Fig. 4.22. Instalación con serias necesidades de mejora.

Aquí van las 3 más evidentes:

1.   *El escape está dentro de la habitación. Observa la mancha en la pared e imagina cómo estará el filtro de aire. El filtro de aire sucio empeora la combustión y vuelve al generador inestable y ¡los gases de combustión son muy tóxicos!*

2.   *Los flujos de aire están sin organizar. El aire caliente se queda en la habitación y el generador trabaja sobrecalentado.*

3.   *¡Alguien se llevó la batería! Esto pasa con mucha frecuencia en contextos donde las baterías van a prestar asistencias y servicios diversos. La batería no sólo es fundamental para arrancar, sino que además el generador la necesita para funcionar y algunos componentes como el cargador o el regulador de voltaje se pueden dañar si falta en algún momento.*

5

Funcionamiento y mantenimiento

Los generadores se deben calentar durante 4 o 5 minutos antes de aplicarles carga para que estabilicen la frecuencia y la tensión. Se pueden usar esos 5 minutos para registrar el nivel de combustible, los indicadores y comprobar que todo está funcionando adecuadamente.

De la misma manera, deben dejarse enfriarse sin carga durante otros 5 minutos antes de apagarlos completamente, periodo que también se puede usar para registrar los parámetros de funcionamiento.

El resto de detalles, te los explicará el manual de instrucciones, **¡que debes leer escrupulosamente antes incluso de pensar en instalarlo!** Este capítulo se centra en asuntos que el manual probablemente no te explique.

Cuaderno de registros

Sólo cuando te enfrentas a un generador totalmente desconocido del que no hay ninguna información te das cuenta de lo importantes que son los registros.

Para ser útiles no tienen que ser excesivamente minuciosos, probablemente un simple cuaderno de bitácora donde se anotan en función de las horas las incidencias, los mantenimientos y observaciones ya es de gran ayuda. Por ejemplo:

Fecha	Horas	Anotación	Coste
19-11-08	50	Fin del rodaje, sin incidencias. Cambio de aceite y filtro	100 €
20-02-09	250	Mnto. de las 250h según libro	164 €
25-03-09	367	Filtro de combustible atascado. Combustible comprado en RBS	
26-06-09	472	Correa del ventilador dañada, tensor gripado.	168 €
....	.....	....	....
17-12-11	4367	Ruido en rodamientos del alternador. Re-engrasado y vigilar	

Fig. 5.1. Ejemplo de cuaderno simple de registros.

A este cuaderno fundamental le puedes añadir otros en función del contexto. Dos probablemente útiles son:

- Hora de comienzo, hora de parada, repostaje de diésel, voltaje, frecuencia, etc. Una ventaja añadida de este registro es que al realizarse a diario, se promueve el cuidado del generador y se genera una sensación de supervisión.

- Una colección de hojas firmadas con el listado de las tareas de mantenimiento periódico correspondientes a cada número de horas de servicio donde se señalan las operaciones realizadas. La idea es que se identifique claramente al responsable y se evite el descontrol de qué se debía haber hecho y qué se hizo finalmente.

Midiendo el consumo de diésel

Medir el consumo de diésel es fundamental para evaluar el rendimiento del motor y las siempre presentes acusaciones de robos de combustible.

Para medir el uso de combustible en generadores que no lleven un registro del consumo eléctrico, y si no tienes un monitor de energía para la potencia que quieres medir, sigue el proceso explicado más abajo. Debes seleccionar una carga que vaya a ser constante y que represente un porcentaje importante de la potencia del generador, al menos el 30% (mejor entre el 50-60% que suelen usar los fabricantes). Lo mejor es que sea una carga trifásica (si el generador es trifásico) para evitar las complicaciones de balancear la carga. Aísla el resto de cargas para que no puedan entrar en funcionamiento.

Intenta que los aparatos de medida que uses tengan una precisión de al menos ± 2%.

1. Busca un recipiente seguro del tamaño adecuado para la duración de la prueba prevista. Llénalo de combustible y cambia la alimentación de manera que el generador se abastezca de ese recipiente.

2. Pesa el recipiente con el combustible. El peso da una medida más precisa que las estimaciones de volumen. Pesa un litro de combustible para obtener la densidad, ya que esta varía en torno a 850 g/litro según el tipo de combustible y la región.

3. Registra la hora, arranca el generador y conecta la carga.

4. Registra:

   - La temperatura durante la prueba a intervalos regulares.
   - La electricidad generada a intervalos regulares, ya sea con un medidor de kWh o registrando intensidad y voltaje para calcular la potencia.
   - El peso del depósito de combustible si es práctico.

5. Haz funcionar el generador con la carga durante un tiempo significativo, al menos varias horas. Cuanto más tiempo registres, dentro de lo que te permita el contexto, más precisión obtienes.

6. Apaga el generador, registra la hora y pesa el recipiente con el combustible. El peso del recipiente en sí no influye en los cálculos.

7. Calcula los resultados y compáralos con los datos del primer capítulo.

8. Sé sensato con las conclusiones, no corras a acusar a alguien de robar o a comprar un generador nuevo.

Si quieres zanjar acusaciones de robo necesitarás alguna persona externa que supervise el proceso. Ten en cuenta que hay bastantes factores que afectan al consumo que nada tienen que ver con la avaricia. Que un generador funcione con el consumo esperado no implica que vaya a funcionar con ese consumo cuando se usa de manera insensata, por ejemplo, sin controlar lo que se conecta o con cargas muy bajas. Muchas veces ni siquiera hay que correr el riesgo de acusar a alguien injustamente, sino que basta con establecer una supervisión y terminar con el descontrol para acabar con los robos.

Se ha ensayado un generador de 25 kW durante 6 horas para verificar su consumo con una bomba sumergible trifásica con los siguientes resultados:

Densidad del diésel usado: 850 g/l
Peso inicial: 40 kg
Peso final: 13 kg
Voltaje: 380 V
Intensidad: 19,2 A

1. La potencia trifásica se calcula con la siguiente fórmula:

$$P = I * \sqrt{3} * V * \cos \Phi$$

Para un factor de potencia (cos Φ) de 0,8, la fórmula queda:

$$P = I * V * 1,384 = 19,2 * 380 * 1,384 = 10\ 097,66\ W \approx 10,1\ kW$$

2. Esa potencia consumida durante 6 horas corresponde a una energía de:

$$10,1\ kW * 6\ horas = 60,6\ kWh$$

3. La carga del generador ha sido: $\dfrac{10,1\,kW}{25\,kW} = 40,4\%$

4. El consumo de diésel ha sido: $\dfrac{40\,\text{kg} - 13\,\text{kg}}{0,85\,\text{kg/l}} = 31,76$ litros

5. El consumo por kWh ha sido: $\dfrac{31,76\,\text{litros}}{60,6\,\text{kWh}} = 0,524$ l/kWh

Comparando el consumo con el esperado aproximado de la gráfica del primer capítulo, parece elevado:

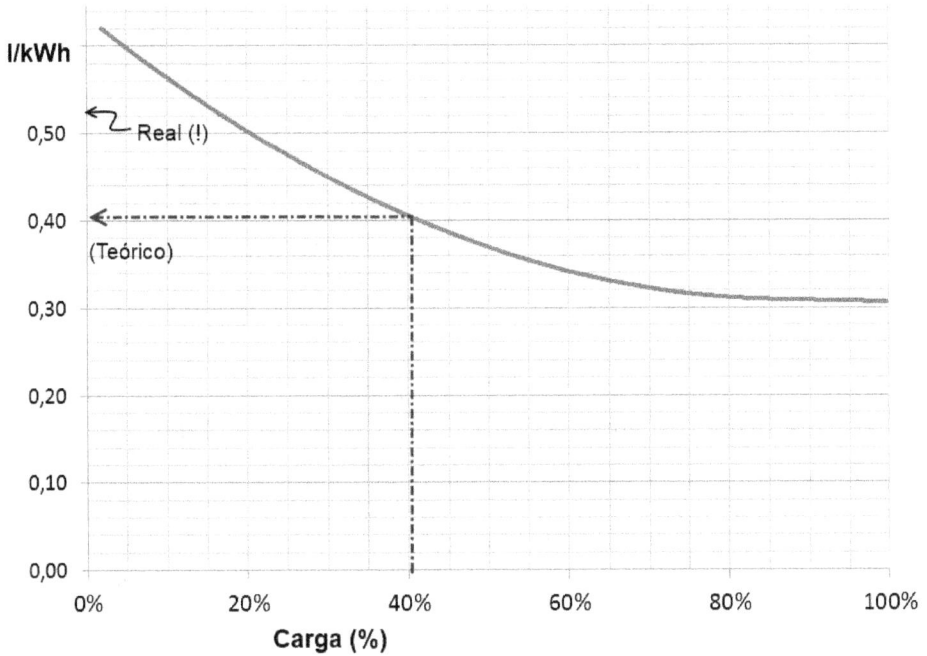

Evaluando la calidad del diésel

La mayoría de fabricantes facilitan las especificaciones del diésel en los manuales de uso. Sin embargo, muchas veces analizar estas características resulta imposible y caro. El combustible pasa por muchas manos y frecuentemente son pequeños minoristas dentro de un almacén los que acaban vendiéndolo. Aun pudiéndolo analizar, es improbable que las partidas de combustible, incluso de un mismo proveedor, tengan las mismas características y procedencia de una vez para otra.

Aun así, puedes evaluar la calidad del diésel hasta cierto punto haciendo algunas pruebas sencillas:

- Lleva un control del consumo respecto a la carga.

- Llena un recipiente transparente de combustible y déjalo asentar. Aquellos contaminados con agua, arena o sedimentos formarán una capa en el fondo y los contaminados con gasolina o queroseno la formarán en superficie.

Intenta que el suministro de diésel sea de confianza y estable. Si el tanque de combustible se corroe, la bomba y los inyectores dan problemas, los filtros se atascan o se forman lodos, has estado usando combustible de mala calidad.

El uso de **biodiésel** o sus mezclas no suele estar recomendado por la disminución de potencia y el aumento de consumo que puede provocar.

Reacondicionamiento (*Overhaul*)

El reacondicionamiento de un generador consiste en desmontar el motor para inspeccionarlo, sustituir algunas piezas y reconstruir otras para restablecer las prestaciones iniciales.

Además de llegar a suponer el 30% del coste del generador, es un proceso laborioso que lleva tiempo y necesita organización. Un aspecto a decidir es si se va a organizar alguna fuente alternativa de electricidad mientras se hacen las reparaciones y cómo.

Asegúrate de que el taller responsable del servicio tiene realmente todas las herramientas necesarias y los repuestos disponibles. ¡No quieres esperar 6 meses a que llegue algo desde Dubái con todas las piezas esturreadas por el suelo!

Decidiendo cuándo se realiza

El fabricante del generador establece plazos genéricos, que varían en función de cada situación y el uso que se le dé. La necesidad de reacondicionamiento viene determinada por varios factores:

- El número de horas y la carga de funcionamiento.
- La cantidad total de combustible consumido.
- Un aumento importante del ruido y la vibración.
- Un aumento importante del consumo de aceite.
- Un análisis de los fragmentos metálicos en el aceite desfavorable.

Posponer los reacondiciomanientos para ahorrar es mala idea:

- Aumentan las posibilidades de un fallo catastrófico que termine definitivamente con el generador o que requiera un gran número de piezas y horas de trabajo para poder repararlo.

- Cuando el desgaste es excesivo se pueden reaprovechar muchas menos piezas.

Si **el consumo de aceite lubricante se ha triplicado** sólo por el desgaste normal del motor, organiza sin demoras el reacondicionamiento. Si se mantienen registros de mantenimiento es fácil ver qué consumo es normal. Si no los hay, y a modo indicativo (porque varía según la antigüedad del motor, la potencia y la carga), puedes tomar consumos de aceite entre 0,1-1,6 g/kWh producido o alrededor de 0,1% del combustible consumido.

En un contexto de cooperación, es frecuente encontrarse con un generador del que no se tiene mucho historial y tener que decidir qué se hace con él. Investiga el consumo de aceite. A veces, la escena simplemente ya te da una orientación. Otra señal es el humo gris-azulado, que indica que el motor está quemando aceite.

Fig. 5.2 Este generador necesita una puesta a punto, ¡y una campana de evacuación!

Tipos de reacondicionamiento

Hay dos tipos de reacondicionamiento:

- **Reacondicionamiento de culata**, en el que sólo se desmonta la culata y se inspeccionan, reconstruyen o reemplazan las partes que quedan visibles.

- **Reacondicionamiento completo**, en el que se desmonta por completo el motor.

En el Anexo F se listan las tareas típicas para los dos tipos de reacondicionamientos.

Recuerda que después de cada reacondicionamiento el generador debe volverse a rodar como si fuera nuevo, cambiando el aceite a las 50 horas.

Almacenamiento durante largos periodos

En caso de que el generador no vaya a ser usado durante más de 30 días o no pueda ser instalado inmediatamente, sigue este proceso y las recomendaciones del fabricante. Como siempre, que lo haga personal cualificado porque entraña peligro.

Antes de almacenar

- Vaciar completamente:
  - el tanque de combustible
  - el aceite del motor
  - el líquido refrigerante
- Desconectarlo de la red.
- Desconectar los cables de la batería.
- Limpiar y proteger el generador con una lona contra el polvo en caso de que sea un generador abierto.
- En lugares húmedos, coloca desecante en la parrilla del radiador y en el excitador.

Durante el almacenamiento

El lugar de almacenamiento debe ser un lugar limpio, sin temperaturas extremas, sin vibraciones u otras máquinas funcionando que dañen los rodamientos, sin polvo o humedad y sin insectos o roedores. Es conveniente:

- Girar manualmente el rotor del alternador cada mes o prever un cambio de rodamientos.
- Cargar periódicamente la batería o planificar su reemplazo.

Tras el almacenamiento

- Verificar el aislamiento de las bobinas con un megómetro.
- Rellenar el combustible, refrigerante y aceite.
- Cambiar el filtro de aceite si no se hizo o el almacenamiento ha sido largo.
- Conectar las baterías tras cargarlas completamente.
- Calentar el motor y cargar ligeramente comprobando que no haya fugas.

Como todo esto es bastante poco práctico, quizás puedas plantearte dejar el generador como está y hacerlo funcionar durante un tiempo una vez al mes.

En los pequeños generadores portátiles de gasolina, la gasolina que se evapora del carburador tras periodos prolongados de inactividad impide que luego arranquen. Para evitar quedarse tirado en el momento en el que más se necesita, se puede cortar la llave de paso de la gasolina con el motor encendido para asegurarse de que el carburador se vacía totalmente antes de almacenarlos.

Fig. 5.2 Generador portátil de gasolina Pramac E3200.

Operación en ambientes adversos

Ambientes muy fríos

En climas muy fríos hay que adaptar la instalación y el funcionamiento. Pregunta en instalaciones similares e intenta aprender de la experiencia local cuáles pueden ser los problemas y cómo solucionarlos. A continuación se mencionan algunos de los problemas que te puedes encontrar y algunas ideas para solucionarlos.

Precauciones en la instalación:

- Si se recibe el generador con temperaturas bajas, dejar que vaya tomando la temperatura de la habitación durante 24 horas antes de quitar los envoltorios y las protecciones para evitar la condensación.

- Los generadores mueven un volumen de aire muy importante durante su funcionamiento que, si está muy frío, puede congelar rápidamente las instalaciones que haya en la misma caseta. Cuidado con lo que pueda ser sensible a la congelación.

- El diésel se gelifica con el frio. La instalación probablemente necesite algún método de calentamiento de los conductos de combustible.

- Considerar efectos del frío en los cables, las protecciones, etc.

- Prevenir que el hielo y la nieve tapen las rejillas de ventilación con protecciones o rejillas que cierren.

- Para prevenir la congelación del filtro de aire se puede recircular parte del aire caliente de refrigeración para mezclarlo con el aire frío.

- Los interruptores magnetotérmicos necesitan más corriente para saltar cuando hace frío. Así, un interruptor que salte a 15 A a 40 ºC, saltará a 17 A a 25 ºC. A muy bajas temperaturas, la elevación del umbral puede ser muy importante.

- Los tubos de escape con trampilla para la lluvia se congelan, impidiendo la apertura.

Precauciones durante el funcionamiento:

- El diésel se enturbia con el frío y puede obturar el filtro de combustible. En ese caso es necesario usar diésel apto para el frío, llamado No. 1-D, que no se enturbia hasta los -26 ºC, mientras que el No. 2-D lo hace a -6 ºC.

- Evitar encender y apagar el generador muchas veces para disminuir el desgaste y el daño de las válvulas por acumulación de carbonilla.

- Añadir anticongelante en las proporciones que recomienda el fabricante sin sobrepasar el 50% para evitar que el motor se sobrecaliente. Incluso en climas muy cálidos es recomendable que haya al menos un 5% de anticongelante para evitar la corrosión del motor.

- Quizás haya que usar calentadores de agua, calentadores de baterías y calentadores del bloque motor.

- Rellena el tanque de combustible a tope tras cada uso para evitar la condensación.

- Las baterías tienen menos fuerza y los motores ofrecen mucha más resistencia para arrancar. A -20 ºC una batería tiene la mitad de fuerza que a 25 ºC y el motor necesita 8 veces más fuerza para arrancar. Deben estar bien cargadas y quizás hasta sobredimensionadas. Las medidas de carga con hidrómetro necesitan correcciones si se hacen con bajas temperaturas.

- La campana de evacuación puede llevar una escotilla en la parte superior para descargar el aire caliente dentro de la habitación al arrancar o al funcionar con cargas bajas que producen un enfriamiento.

Ambientes costeros

No deben tomarse precauciones sólo la costa sino también en aquellos lugares que se encuentren a menos de 100 km de un cuerpo de agua salina, ¡y 100 km es mucho! Los dos problemas principales en estos casos son la humedad y la corrosión.

- En ambientes húmedos se recomienda la instalación de calentadores en el alternador que mantengan la temperatura 5 ºC por encima de la temperatura ambiente.

- Las aperturas de ventilación tortuosas favorecen la precipitación de la humedad en zonas húmedas.

- El cierre de las rejillas de ventilación tras el apagado del generador disminuye la condensación.

- Las cabinas y partes del cerramiento deben ser galvanizadas, de aluminio o pintadas con pintura resistente a la sal.

Ambientes secos y áridos

En estos ambientes el polvo y la arena crearán problemas. Algunas precauciones que pueden ser útiles:

- Instalar el generador protegido de entradas de arena. La arena con el viento abrasiona la pintura y el aislamiento causando averías serias.

- Las aletas de refrigeración y el radiador no deben estar muy juntas para evitar atrapar la suciedad y la arena.

- Se recomienda un sobredimensionado del 115% de la capacidad de refrigeración.

- Evitar que el diésel se contamine con arena o polvo.

- Una mayor clase de aislamiento puede evitar el deterioro precoz del aislante por el sobrecalentamiento de partes con polvo y suciedad que no disipan calor con la misma eficacia.

- En climas muy cálidos, instala escapes con aislamiento térmico. A modo de ejemplo, cada metro de escape de 3" emite 5 kW de calor. ¡Un escape de sólo dos metros es equivalente a tener dentro 5 estufas de 2 kW a plena potencia!

A gran altitud

- Además de la rebaja del generador, algunos componentes, como los interruptores magnetotérmicos, necesitan rebajas.

- El radiador se vuelve menos eficaz por la menor densidad del aire. Comprueba que el radiador de fábrica es apto para la cota en la que estás.

- El caudal de aire necesario aumenta un 9% por cada 1000 m. En algunos casos más extremos, quizás haya que instalar ventiladores adicionales.

arnalich

water and habitat

Para **contratar servicios de consultoría** sobre generadores y energías renovables, escribe a contact@arnalich.com.

.

Anexos

A.   CÁLCULO DE LA POTENCIA EN CORRIENTE ALTERNA

La potencia medida en kVA, siendo V el voltaje e I la intensidad, es:

Sistema monofásico:

$$kVA = \frac{V * I}{1000}$$

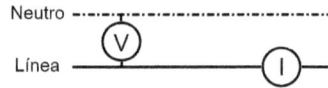

Sistema trifásico de 3 cables equilibrado:

$$kVA = \frac{V * I * 1,732}{1000}$$

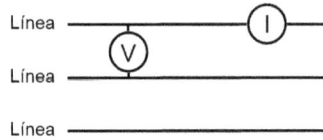

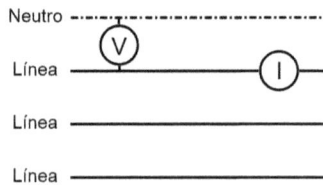

Sistema trifásico de 3 cables desequilibrado:

$$kVA = \frac{V * \dfrac{I_1 + I_2 + I_3}{3} * 1,732}{1000}$$

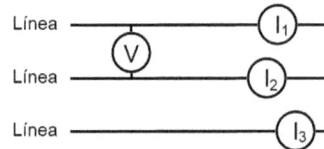

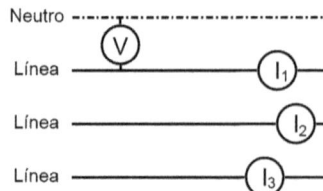

Sistema trifásico de 4 cables equilibrado:

$$kVA = \frac{V * I * 3}{1000}$$

Sistema trifásico de 4 cables desequilibrado:

$$kVA = \frac{V * \dfrac{I_1 + I_2 + I_3}{3} * 3}{1000}$$

B. VIDA ÚTIL DE UN GENERADOR

Los generadores duran entre 20 000 y 30 000 horas con un reacondicionamiento intermedio entre 10 000 y 15 000 horas (en unas condiciones de trabajo aceptables y con un mantenimiento correcto). ¡No te sorprendas si tras sólo dos años y medio ya tienes que cambiar un generador que se usa 22 horas al día!

Horas de uso al día		Vida útil total
	1	54,8
	2	27,4
	3	18,3
	4	13,7
	5	11,0
	6	9,1
	7	7,8
	8	6,8
	9	6,1
	10	5,5
	11	5,0
	12	4,6
	13	4,2
	14	3,9
	15	3,7
	16	3,4
	17	3,2
	18	3,0
	19	2,9
	20	2,7
	21	2,6
	22	2,5

C. PICO DE ARRANQUE DE BOMBAS SUMERGIBLES GRUNDFOS

Los motores eléctricos tienen un pico de consumo durante el arranque. El fabricante de la bomba te dirá cuál es. A modo de orientación, estos son los factores recomendados por Grundfos España.

Potencia del motor de la bomba		Potencia mínima del generador		
HP	kW	kW	kVA	Factor
4	3	8	10	2,7
5,5	4	10	12,5	2,5
7,5	5,5	12,5	15,6	2,3
10	7,5	15	18,8	2,0
12,5	9,2	18,8	23,5	2,0
15	11	22,5	28	2,0
17,5	12,8	26,4	33	2,1
20	15	30	37,5	2,0
25	18,5	40	50	2,2
30	22	45	56,5	2,0
35	26	52,50	65	2,0
40	29,5	60	75	2,0
50	37	75	94	2,0
60	44	90	112,5	2,0
70	51,5	105	131	2,0
80	59	120	150	2,0
90	66	135	170	2,0
100	73,5	150	190	2,0
125	92	185	230	2,0
150	110	210	260	1,9

D.   PESOS Y DIMENSIONES APROXIMADAS DE GENERADORES

Potencia prime (kVA)	Peso (Kg)	Longitud (m)	Anchura (m)	Altura (m)
8,5	334	1,3	0,6	1,2
12,5	393	1,3	0,6	1,2
16,5	454	1,3	0,6	1,2
20	467	1,3	0,6	1,2
27	800	1,8	0,7	1,4
30	810	1,8	0,7	1,4
40	890	2,1	0,8	1,4
45	910	2,1	0,8	1,4
50	910	2,1	0,8	1,4
60	960	2,1	0,8	1,4
80	1010	2,1	0,8	1,4
100	1180	2,4	0,7	1,4
135	1417	2,7	0,9	1,5
150	1535	2,7	0,9	1,6
180	1663	2,8	0,9	1,6
200	2052	3,0	1,0	1,7

E.   DIMENSIONES APROX. DE ELEMENTOS DE LA INSTALACIÓN

Dimensiones orientativas, usa las recomendaciones del fabricante siempre que sea posible.

Potencia stand-by (KVA)	Generador			Habitación generador			Salida aire refrigeración			Aire frío	Puerta		Escape
	Longitud (m)	Anchura (m)	Altura (m)	Longitud (m)	Anchura (m)	Altura (m)	Longitud (m)	Anchura (m)	Área (m²)	Área (m²)	Anchura (m)	Altura (m)	Diámetro (pulgadas)
11	1,6	0,8	1,1	3,5	3,0	2,7	0,7	0,8	0,5	0,8	1,5	2,2	3,0
14	1,2	0,6	1,0	3,5	3,0	2,7	0,7	0,8	0,5	0,8	1,5	2,2	3,0
16	1,1	0,6	0,9	3,5	3,0	2,7	0,7	0,8	0,5	0,8	1,5	2,2	3,0
20	1,9	0,9	1,2	3,5	3,0	2,7	0,7	0,8	0,5	0,8	1,5	2,2	3,0
25	1,9	0,9	1,2	3,5	3,0	2,7	0,7	0,8	0,5	0,8	1,5	2,2	3,0
27	1,2	0,6	0,9	3,5	3,0	2,7	0,7	0,8	0,5	0,8	1,5	2,2	3,0
30	1,9	0,9	1,3	3,5	3,0	2,7	0,8	0,8	0,5	0,8	1,5	2,2	3,0
33	1,9	0,9	1,2	3,5	3,0	2,7	0,7	0,8	0,5	0,8	1,5	2,2	3,0
40	1,7	0,9	1,4	3,5	3,0	2,7	0,7	0,8	0,5	0,8	1,5	2,2	3,0
43	1,9	0,9	1,4	3,5	3,0	2,7	0,8	0,8	0,5	0,8	1,5	2,2	3,0
47	1,7	0,9	1,2	3,5	3,0	2,7	0,8	0,8	0,5	0,8	1,5	2,2	3,0
50	1,7	0,9	1,4	3,5	3,0	2,7	0,8	0,8	0,5	0,8	1,5	2,2	3,0
66	1,9	0,9	1,5	3,5	3,0	2,7	0,8	0,8	0,5	0,8	1,5	2,2	3,0
70	1,9	0,9	1,8	3,5	3,0	2,7	0,8	0,8	0,5	1,0	1,5	2,2	3,0
80	1,7	0,9	1,3	3,5	3,0	2,7	0,8	0,9	0,5	1,0	1,5	2,2	3,0
88	1,9	0,9	1,3	3,5	3,0	2,7	0,8	0,9	0,5	1,0	1,5	2,2	3,0
93	2,2	1,0	1,6	4,0	3,0	2,7	0,8	0,9	0,5	1,0	1,5	2,2	3,0
101	2,2	1,0	1,4	4,0	3,0	2,7	0,8	0,9	0,5	1,0	1,5	2,2	3,0
110	2,2	1,0	1,5	4,0	3,0	2,7	0,8	0,9	0,5	1,0	1,5	2,2	3,0
125	2,2	1,1	1,7	4,0	3,0	2,7	1,1	1,0	0,6	1,0	1,5	2,2	3,0
145	2,3	1,0	1,5	4,0	3,0	2,7	0,8	0,9	0,5	1,0	1,5	2,2	3,0
150	2,2	1,1	1,7	4,0	3,0	2,7	1,1	1,0	0,6	1,0	1,5	2,2	3,0
154	2,3	1,0	1,5	4,0	3,0	2,7	1,1	1,0	0,6	1,3	1,5	2,2	3,0
165	2,3	1,0	1,5	4,0	3,0	2,7	1,1	1,0	0,6	1,3	1,5	2,2	3,5
175	2,3	1,1	1,68	4	3	2,7	1,1	1	0,6	1,3	1,5	2,2	4,5
200	2,3	1,1	1,68	4	3	2,7	1,1	1	0,6	1,3	1,5	2,2	4,5

F.   TAREAS TÍPICAS DE UN REACONDICIONAMIENTO

No se trata de un listado exhaustivo, ni todas las tareas pueden ser aplicables según qué generador. La idea de estas listas es orientarte de cara a la negociación del servicio y/o redacción de un contrato de reacondicionamiento.

Reacondicionamiento de culata:

1. Inspección y rectificado de las válvulas y el asiento.
2. Inspección y posible recambio de las guías de las válvulas.
3. Desmontado y limpieza del turbo.
4. Reemplazo de rodamientos del turbo si es necesario.
5. Inspección, mantenimiento y/o calibrado de la(s) bomba(s) de inyección.
6. Limpieza de la carbonilla de cilindros y pistones.
7. Inspección del cárter para detectar restos que indique desgastes inusuales.
8. Cambio de los inyectores según la utilización.

Reacondicionamiento completo:

Además de las tareas del reacondicionamiento de la culata:

1. Inspección general de elementos en busca de grietas, deformaciones, corrosión y depósitos: Árbol de levas, sistema de amortiguación de vibraciones del árbol de levas, bloque de cilindros, cilindros, pistones y bielas, culata, volante de inercia...
2. Inspección y/o reconstrucción de los balancines de las válvulas de escape.
3. Inspección, reconstrucción o recambio de bielas, conjunto de la culata, bombas inyectoras, refrigerador de aceite, pernos del pistón...
4. Inspección y/o recambio de: soportes del motor, camisas del cilindro, faldas y cabezas del pistón, cableado del motor...
5. Reemplazar: rodamientos y juntas del árbol de levas, inyectores, rodamientos principales, juntas del tubo de escape y de la admisión de aire.

Bibliografía

- *Application engineering. T-030: Liquid-Cooled Generator Set Application Manual.* Cummings Power Generation 2012.

- Bolton, Paul (2013). *Petrol and diesel prices.* Standard Note SN/SG/4712. Library of the House of Commons.

- *Diesel Generator Operation and Maintenance Manual.* Hyundai 2011.

- *Diesel Generator Group Operating and Maintenance Manual.* EMSA 2008.

- Diesel Generating Sets Installation recommendations and Operations Manual. AKSA 2012.

- *Diesel Generator Set Model DGBC 60 Hz Specification sheet.* Cummings 2006.

- *Cold Climate Considerations for Generator Set.* Infosheet #32. Clifford Power Systems 2008.

- *Cold Weather Recommendations for all Caterpillar Machines.* Caterpillar 2007.

- *Mahon, L.L.J (1992). Diesel generator handbook.* Newnes.

- *Electric Power Applications, Engine & Generator Sizing. Application and Installation GuideCaterpillar.* Caterpillar 2008.

- *Fossil Fuel Price Projections.* DECC, UK Government 2012.

- *Generator Noise Control - An Overview.* Ashrae Technical Committee on Noise and Vibration 2002.

- *Generator Set Installation Guidelines.* Generator Joe 2013.

- *Generator Set Installation Recommendations.* Baldor. 2005.

- *Generator set noise solutions: Controlling unwanted noise from on-site power systems.* PT 7015. Cummings 2007.

- *Generator Set Ratings Guidelines.* TIB 101. Kohler Power Systems 2001.

- *Generator Sizing Guide.* TD00405018E. Eaton Power.

- Generator User Manual. Models S3100 – S5000 – S7500 – S10000 –S12000. Pramac Power Systems.

- *Grounding of AC generators and switching the neutral in emergency and standby power systems.* PT 6006. Cummings 2006.

- *How to size a genset: Proper generator set sizing requires analysis of parameters and loads.* PT 7007. Cummings 2007.

- *Guide to Generator Set Exhaust Systems.* Infosheet #16. Clifford Power Systems 2008.

- *Installation and Maintenance Manual Synchronous generators. Weg Industrias, 2003.*

- *IP code*. Wikipedia.

- *ISO 8528-1. Reciprocating internal combustion engine driven alternating current generating sets. Part 1: Application, ratings and performance*. ISO 2005.

- Marfell, Ray. (2007). *Demistifying generator set ratings*. Caterpillar.

- Mestre, J. (2008.) *NTP 142: Grupos electrógenos. Protección contra contactos eléctricos indirectos*. INSHIT.

- *Operation and controller manual*. Bindu Power 2012.

- *Operation and Maintenance Manual: 3500 Generator Sets*. Caterpillar 2009.

- *Operation and Maintenance Manual: SRB4 Generator Sets*. Caterpillar 2000.

- *Operation, Maintenance and Repair of Auxiliary Generators*. TM 5-685/NAVFAC MO-912. US Army. 1996.

- *P7 AC Generators. Installation, Servicing and Maintenance*. Stamford 2011.

- *Sound advice on attenuating genset noise, vibrations*. Webarticle by Ken Lovorn. CSEMAG.

- *The True Cost of Providing Energy to Telecom Towers in India*. Intelligent energy 2012.

- *Transfer switch application manual*. Cummings 2004.

- *Understanding load factor implications for specifying onsite generators*. MTU Onsite Energy 2011.

- *Use and Maintenance manual. GSW Generators*. Pramac Power Systems 2013.

- *World Energy Assessment: Energy and the Challenge of Sustainability*. UNDP 2000.

Red de distribución y comercialización de Pramac

Pramac Energy Generation ha patrocinado la traducción al inglés de este manual.

Ω PRAMAC

Pramac por el mundo

Desde Italia y alrededor del mundo. Estamos a su servicio a través de una red global para estar más cerca de usted.
Para más información: www.pramac.com

EUROPA

Italia
PR INDUSTRIAL s.r.l.
Oficinas centrales:
Località II Piano
53031 Casole d'Elsa, Siena
Tel.: +39 0577 9651
Fax: +39 0577 949076

Alemania
PRAMAC GmbH
Salierstr. 48
70736 Fellbach, Stuttgart
Tel.: +49 711 517 4290
Fax: +49 711 517 42999

España
PRAMAC IBÉRICA, S.A.
Parque Empresarial Polaris
C/ Mario Campinoti, 1
Av. Murcia-San Javier, km. 18
30591 Balsicas, Murcia
Tel.: +34 968 334 900
Fax: +34 968 579 321

Reino Unido
PRAMAC UK, Ltd.
Crown Business Park, Dukestown
Tredegar, NP22 4EF
Tel.: +44 1495 713 300
Fax: +44 1495 718 766

Francia
PRAMAC FRANCE S.A.S.
Place Léonard de Vinci
42190 St. Nizier sous Charlieu
Tel.: +33 (0) 477 692 020
Fax: +33 (0) 477 601 778

Polonia
PRAMAC Sp z.o.o.
ul. Krakowska 141-155 budynek F
50-428 Wroclaw
Tel.: +48 71 7822690
Fax: +48 71 7981006

Rumanía
S.C. PRAMAC Group S.R.L.
Sos Bucaresti
Targoviste Nr 12A, Corp. A, Etaj 3
077135 Mogosoaia, Ilfov
Tel.: +40 31 417 07 65
Fax: +40 31 417 07 55

Rusia
PRAMAC-RUS Ltd
Neverovskogo street 9,
office 316
Moscow
Tel.: +7 985 651 68 66
Fax: +7 985 651 68 66

AMÉRICA DEL NORTE

PRAMAC AMERICA, LCC
América del Norte
1300 Gresham Road - Marietta, GA 30062
Tel.: +1 770 218 5430
Fax: +1 770 218 2810
Toll Free: +1 888 977 2622 (9 PRAMAC)

PRAMAC INDUSTRIES, INC
América Central, Caribe
y países andinos
1300 Gresham Road - Marietta, GA 30062
Tel.: +1 770 218 5430
Fax: +1 770 218 2810

AMÉRICA DEL SUR
Y CARIBE

República Dominicana
PRAMAC CARIBE C. por A.
Avda. 27 de Febrero, Esq. Caonabo,
664 Los Restauradores
10137 Santo Domingo
Tel.: +1 809 531 0067
Fax: +1 809 531 0273

Brasil
PRAMAC BRASIL
EQUIPAMENTOS LTDA.
Av. Victor Andrews, 3210
Bairro Éden – Cep 18086-390
Sorocaba, São Paulo
Tel.: +55 15 3412 0404
Fax: +55 15 3412 0400

ASIA

Emiratos Árabes Unidos
PRAMAC MIDDLE EAST FZE
1206 JAFZA View 18, P.O.Box 262478
Jebel Ali Free Zone – South 1, Dubai
Tel.: +971 4 8865275
Fax: +971 4 8865276

Singapur
PRAMAC (ASIA) PTE LTD.
2, Tuas View Place
#01-01 Enterprise Logistics Center
637431 Singapore
Tel.: +65 6558 7888
Fax: +65 6558 7878

ÁFRICA

Senegal
PRAMAC LIFTER
AFRIQUE TRADING S.a.r.l.
Route de l'Aéroport x VDN
B.P. 8959 Dakar
Tel.: +221 33 869 3121
Fax: +221 33 820 8598

Socios comerciales @
www.pramac.com

Versión 1.0

www.ingramcontent.com/pod-product-compliance
Lightning Source LLC
Chambersburg PA
CBHW051222200326

41519CB00025B/7215